ほんとうのサステナビリティってなに？

関根佳恵／編著

農文協

『テーマで探究　世界の食・農林漁業・環境』（全3巻）刊行のことば

ロシアによるウクライナ侵攻や原油と食料の価格高騰は、これまで当たり前と思い込んでいた食料の確保が本当は難しいことだという事実を私たちの目の前に突き付けました。同時に、これらのことは、日々の食料を確保する上で平和が決定的に重要であることも私たちに教えてくれます。このため、日々の暮らしの中では遠い存在だった農林漁業に関心を持つ人たちが増えています。

実際、農林漁業は、食べることと住むことを通じて私たちのいのちと暮らしに深くかかわっています。また農林漁業は個人の暮らしだけでなく、地域、流域（森里川海の循環）、日本、さらには世界とつながっています。加えて、私たちの社会や経済の基盤になっている環境、生物多様性、文化、景観を守るという重要な役割も果たしているのです。

編者らは以上の認識に立ち、本シリーズが中学・高校の探究学習にも役立てられることを念頭に、以下の３点を目的として本シリーズを上梓します。

①農林漁業がもつ多彩で幅広いつながりを理解するための手がかりを提供する。

②農林漁業の多様な役割を守り発展させるのに、小規模な家族農林漁業が重要であることを示し、しかもそのことが私たちの暮らす地域や国土を維持するうえで不可欠であることに、読者が気づけるようにする。

③世界各地の熱波、大型ハリケーン、大洪水、また日本でも頻発している集中豪雨や山崩れと、これらの「災害」を引き起こす「気候危機」、さらに安定的な農業生産を損なう生物多様性の喪失、プラスチックによる海洋汚染、2011年3月11日の原発事故、新型コロナウイルスなどの感染症、加えて戦争や為替レートの急変などのさまざまなリスクに対して、近代農業と食農システムはたいへんもろく、その大胆な変革が必要になっている。この問題を話し合うきっかけを提示する。

本シリーズで扱うテーマは、いずれも簡単にひとつの答えを出せるような問題ではありません。本書の読者、とりわけ若い世代の人たちが、身近な生活を入口に地球環境や世界への問いを持ち続け、より深く考え続けること―その手がかりとして本書が活用されることを願っています。

2023年1月

編者を代表して　池上甲一

本書の読み方

【Theme：テーマ編】

［**導入ページ**］と［**解説ページ**］の2ステップで、食と農に関するさまざまなテーマを解説します。取り上げるテーマは、SDGsとはなにか？、脱プラスチックの実際、食べもの（カップラーメン、ペットボトルのお茶など）から見る環境問題など。

［導入ページ］

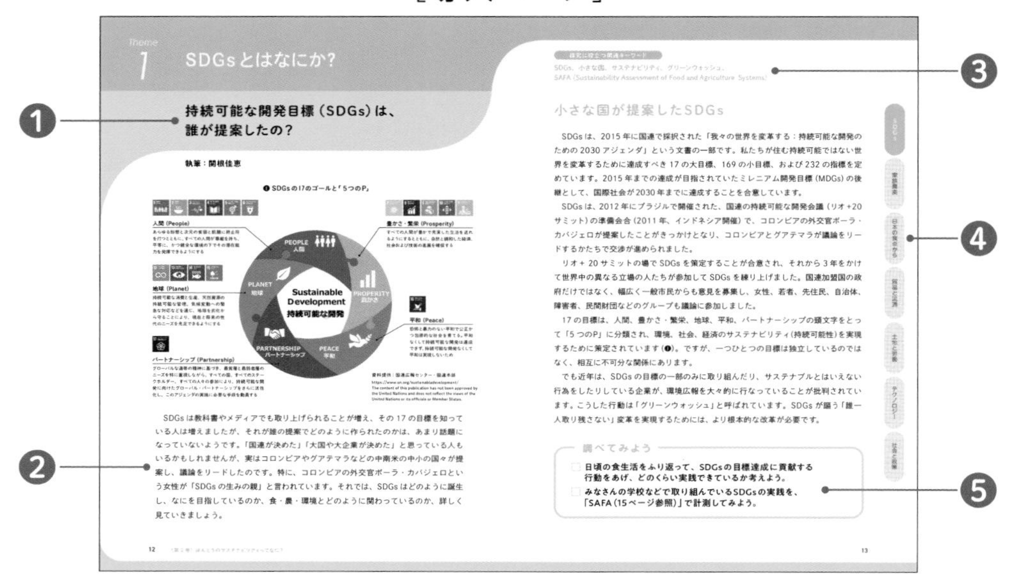

Theme 1 SDGsとはなにか?

持続可能な開発目標（SDGs）は、誰が提案したの？

執筆：関根佳恵

❶ SDGsの17のゴールと「5つのP」

資料提供：国連広報センター・国連本部
https://www.un.org/sustainabledevelopment/
The content of this publication has not been approved by the United Nations and does not reflect the views of the United Nations or its officials or Member States.

SDGsは教科書やメディアでも取り上げられることが増え、その17の目標を知っている人は増えましたが、それが誰の提案でどのように作られたのかは、あまり話題になっていないようです。「国連が決めた」「大国や大企業が決めた」と思っている人もいるかもしれませんが、実はコロンビアやグアテマラなどの中南米の中小の国々が提案し、議論をリードしたのです。特に、コロンビアの外交官ポーラ・カバジェロという女性が「SDGsの生みの親」と言われています。それでは、SDGsはどのように誕生し、なにを目指しているのか、食・農・環境とどのように関わっているのか、詳しく見ていきましょう。

12 （第2巻）ほんとうのサステナビリティってなに？

探究に役立つ関連キーワード
SDGs、小さな国、サステナビリティ、グリーンウォッシュ、SAFA（Sustainability Assessment of Food and Agriculture Systems）

小さな国が提案したSDGs

SDGsは、2015年に国連で採択された「我々の世界を変革する：持続可能な開発のための2030アジェンダ」という文書の一部です。私たちが住む持続可能ではない世界を変革するために達成すべき17の大目標、169の小目標、および232の指標を定めています。2015年までの達成が目指されていたミレニアム開発目標（MDGs）の後継として、国際社会が2030年までに達成することを合意しています。

SDGsは、2012年にブラジルで開催された、国連の持続可能な開発会議（リオ+20サミット）の準備会合（2011年、インドネシア開催）で、コロンビアの外交官ポーラ・カバジェロが提案したことがきっかけとなり、コロンビアとグアテマラが議論をリードするかたちで交渉が進められました。

リオ＋20サミットの場でSDGsを策定することが合意され、それから3年をかけて世界中の異なる立場の人たちが参加してSDGsを練り上げました。国連加盟国の政府だけではなく、幅広く一般市民からも意見を募集し、女性、若者、先住民、自治体、障害者、民間財団などのグループも議論に参加しました。

17の目標は、人間、豊かさ・繁栄、地球、平和、パートナーシップの頭文字をとって「5つのP」に分類され、環境、社会、経済のサステナビリティ（持続可能性）を実現するために策定されています（❶）。ですが、一つひとつの目標は独立しているのではなく、相互に不可分な関係にあります。

でも近年は、SDGsの目標の一部のみに取り組んだり、サステナブルとはいえない行為をしたりしている企業が、環境広報を大々的に行なっていることが批判されています。こうした行動は「グリーンウォッシュ」と呼ばれています。SDGsが謳う「誰一人取り残さない」変革を実現するためには、より根本的な改革が必要です。

調べてみよう
- 日頃の食生活をふり返って、SDGsの目標達成に貢献する行動をあげ、どのくらい実践できているか考えよう。
- みなさんの学校などで取り組んでいるSDGsの実践を、「SAFA（15ページ参照）」で計測してみよう。

13

［解説ページ］

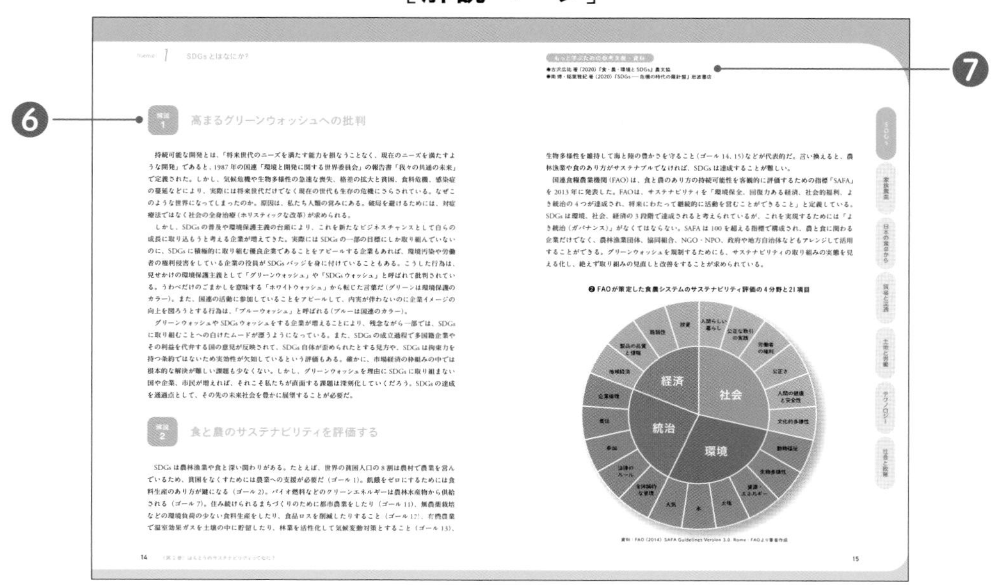

Theme 1 SDGsとはなにか?

解説1 高まるグリーンウォッシュへの批判

持続可能な開発とは、「将来世代のニーズを満たす能力を損なうことなく、現在のニーズを満たすような開発」であると、1987年の国連「環境と開発に関する世界委員会」の報告書「我々の共通の未来」で定義された。しかし、気候危機や生物多様性の急速な喪失、格差の拡大と貧困、食料危機、感染症の蔓延などにより、実際には将来世代だけでなく現在の世代も生存の危機にさらされている。なぜこのような世界になってしまったのか。原因は、私たち人類の営みにある。破局を避けるためには、対症療法ではなく社会の全身治療（ホリスティックな改革）が求められる。

しかし、SDGsの普及や環境保護主義の台頭により、これを新たなビジネスチャンスとして自らの成長に取り込もうと考える企業が増えてきた。実際にはSDGsの一部の目標にしか取り組んでいないのに、SDGsに積極的に取り組む優良企業であることをアピールする企業もあれば、環境汚染や労働者の権利侵害をしている企業の役員がSDGsバッジを身に付けていることもある。こうした行為は、見せかけの環境保護主義として「グリーンウォッシュ」や「SDGsウォッシュ」と呼ばれて批判されている。うわべだけのごまかしを意味する「ホワイトウォッシュ」から転じた言葉だ（グリーンは環境保護のカラー）。また、国連の活動に参加していることをアピールして、内実が伴わないのに企業イメージの向上を図ろうとする行為は、「ブルーウォッシュ」と呼ばれる（ブルーは国連のカラー）。

グリーンウォッシュやSDGsウォッシュをする企業が増えることにより、残念ながら一部では、SDGsに取り組むことへの白けたムードが漂うようになっている。また、SDGsの成立過程で多国籍企業やその利益を代弁する国の意見が反映されて、SDGs自体が歪められたとする見方や、SDGsは拘束力を持つ条約ではないため実効性が欠如しているという評価もある。確かに、市場経済の枠組みの中では根本的な解決が難しい課題も少なくない。しかし、グリーンウォッシュを理由にSDGsに取り組まない国や企業、市民が増えれば、それこそ私たちが直面する課題は深刻化していくだろう。SDGsの達成を通過点として、その先の未来社会を豊かに展望することが必要だ。

解説2 食と農のサステナビリティを評価する

SDGsは農林漁業や食と深い関わりがある。たとえば、世界の貧困人口の8割は農村で農業を営んでいるため、貧困をなくすためには農業への支援が必要だ（ゴール1）。飢餓をゼロにするためには食料生産のあり方が鍵になる（ゴール2）。バイオ燃料などのクリーンエネルギーは農林水産物から供給される（ゴール7）。住み続けられるまちづくりのために都市農業をしたり（ゴール11）、無農薬栽培などの環境負荷の少ない食料生産をしたり、食品ロスを削減したりすること（ゴール12）、有機農業で温室効果ガスを土壌の中に貯留したり、林業を活性化して気候変動対策とすること（ゴール13）、

14 （第2巻）ほんとうのサステナビリティってなに？

もっと学ぶための参考文献・資料
●古沢広祐 著（2020）『食・農・環境とSDGs』農文協
●南 博・稲場雅紀 著（2020）『SDGs――危機の時代の羅針盤』岩波書店

生物多様性を維持して海と陸の豊かさを守ること（ゴール14、15）などが代表的だ。言い換えると、農林漁業や食のあり方がサステナブルでなければ、SDGsは達成することが難しい。

国連食糧農業機関（FAO）は、食と農のあり方の持続可能性を客観的に評価するための指標「SAFA」を2013年に発表した。FAOは、サステナビリティを「環境保全、回復力ある経済、社会的福利、よき統治の4つが達成され、将来にわたって継続的に活動を営むことができること」と定義している。SDGsは環境、社会、経済の3段階で達成されると考えられているが、これを実現するためには「よき統治（ガバナンス）」がなくてはならない。SAFAは100を超える指標で構成され、農と食に関わる企業だけでなく、農林漁業団体、協同組合、NGO・NPO、政府や地方自治体などもアレンジして活用することができる。グリーンウォッシュを規制するためにも、サステナビリティの取り組みの実態を見える化し、絶えず取り組みの見直しと改善をすることが求められている。

❷ FAOが策定した食農システムのサステナビリティ評価の4分野と21項目

資料：FAO（2014）SAFA Guidelines Version 3.0. Rome：FAOより筆者作成

15

【Column：コラム編】

テーマ編とは異なる角度で、より深く学びたいトピックや、キャリア選択にも役立つレポートなどを紹介しています。

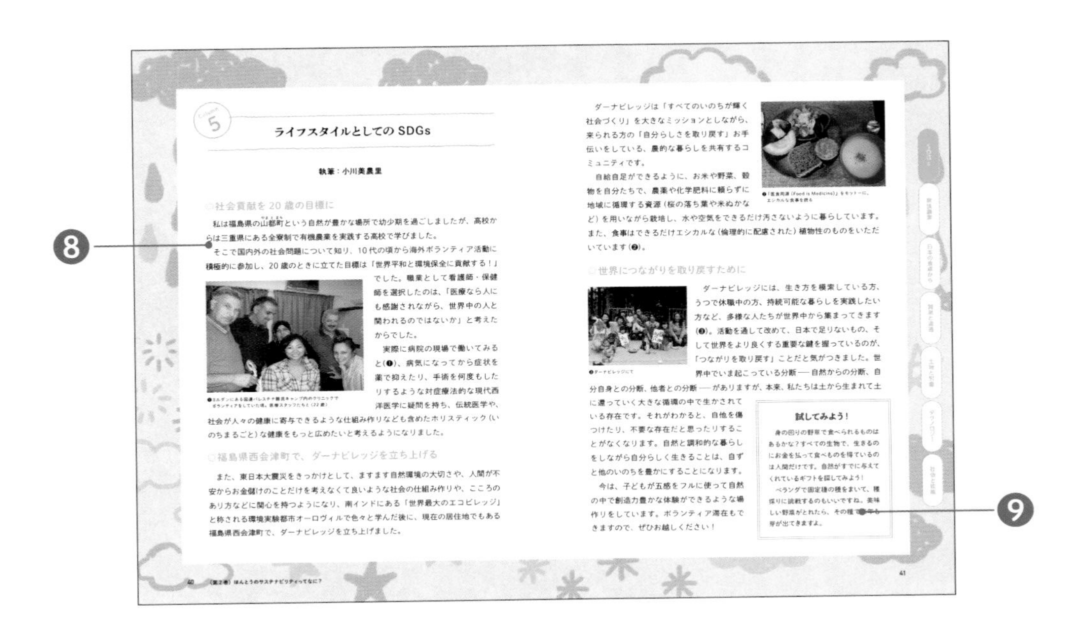

Column 5

ライフスタイルとしてのSDGs

執筆：小川美農里

社会貢献を20歳の目標に

私は福島県の山都町という自然が豊かな場所で幼少期を過ごしましたが、高校からは三重県にある全寮制で有機農業を実践する高校で学びました。

そこで国内外の社会問題について知り、10代の頃から海外ボランティア活動に積極的に参加し、20歳のときに立てた目標は「世界平和と環境保全に貢献する！」でした。職業として看護師・保健師を選択したのは、「医療なら人にも感謝されながら、世界中の人と関われるのではないか」と考えたからでした。

実際に病院の現場で働いてみると(❶)、病気になってから症状を薬で抑えたり、手術を何度もしたりするような対症療法的な現代西洋医学に疑問を持ち、伝統医学や、社会が人々の健康に寄与できるような仕組み作りなども含めたホリスティック（いのちまるごと）な健康をもっと広めたいと考えるようになりました。

❶ヨルダンにある国連パレスチナ難民キャンプ内のクリニックでボランティアをしていた頃、医療スタッフたちと（22歳）

福島県西会津町で、ダーナビレッジを立ち上げる

また、東日本大震災をきっかけとして、ますます自然環境の大切さや、人間が不安からお金儲けのことだけを考えなくて良いような社会の仕組み作りや、こころのあり方などに関心を持つようになり、南インドにある「世界最大のエコビレッジ」と称される環境実験都市オーロヴィルで色々と学んだ後に、現在の居住地でもある福島県西会津町で、ダーナビレッジを立ち上げました。

ダーナビレッジは「すべてのいのちが輝く社会づくり」を大きなミッションとしながら、来られる方の「自分らしさを取り戻す」お手伝いをしている、農的な暮らしを共有するコミュニティです。

自給自足ができるように、お米や野菜、穀物を自分たちで、農薬や化学肥料に頼らずに地域に循環する資源（桜の落ち葉や米ぬかなど）を用いながら栽培し、水や空気をできるだけ汚さないように暮らしています。また、食事はできるだけエシカルな（倫理的に配慮された）植物性のものをいただいています(❷)。

❷「医食同源（Food is Medicine）」をモットーに、エシカルな食事を摂る

世界につながりを取り戻すために

ダーナビレッジには、生き方を模索している方、うつで休職中の方、持続可能な暮らしを実践したい方など、多様な人たちが世界中から集まってきます(❸)。活動を通して改めて、日本で足りないもの、そして世界をより良くする重要な鍵を握っているのが、「つながりを取り戻す」ことだと気がつきました。世界中でいま起こっている分断 ── 自然からの分断、自分自身との分断、他者との分断 ── がありますが、本来、私たちは土から生まれて土に還っていく大きな循環の中で生かされている存在です。それがわかると、自他を傷つけたり、不要な存在だと思ったりすることがなくなります。自然と調和的な暮らしをしながら自分らしく生きることは、自ずと他のいのちを豊かにすることになります。

❸ダーナビレッジにて

今は、子どもが五感をフルに使って自然の中で創造力豊かな体験ができるような場作りをしています。ボランティア滞在もできますので、ぜひお越しください！

試してみよう！

身の回りの野草で食べられるものはあるかな？すべての生物で、生きるのにお金を払って食べものを得ているのは人間だけです。自然がすでに与えてくれているギフトを探してみよう！

ベランダで固定種の種をまいて、種採りに挑戦するのもいいですね。美味しい野菜がとれたら、その種で　　も芽が出てきますよ。

40　〈第2巻〉ほんとうのサステナビリティってなに？

41

❶ キークエスチョン	冒頭に、食と農に関する素朴な疑問、考える“種”となる問いかけを配置
❷ テーマ編／本文	キークエスチョンに応答する形で、取り上げたテーマの概要を解説
❸ 探究に役立つ関連キーワード	検索などで調べる際に役立つキーワード
❹ 分野	SDGs、家族農業、貿易と流通など、本書で取り上げる内容を7つに分類
❺ 調べてみよう	より進んだ学びのアイデアとして、調べ方、具体的な行動などを提案
❻ テーマ編／解説	［導入ページ］の内容の背景、歴史的経緯など、さらに深掘りして解説
❼ もっと学ぶための参考文献・資料	関連本やWEBサイトなどを紹介
❽ コラム編／本文	テーマ編とは異なる角度で解説
❾ 参考	本文の背景となる本、さらなる探究のアイデアなどを紹介

はじめに
―― 世界とつながっている私たちの食卓 （関根佳恵）

サステナビリティと食と農

近年、「サステナビリティ」という言葉をよく聞くようになりました。日本語では「持続可能性」と訳されることが多く、ニュースや教科書にもよく登場します。国際社会は、2030年までに持続可能な開発目標（SDGs）を達成することを目指していますが、それは今の社会が持続可能ではないことを意味しています。SDGsとは、「将来世代のニーズを満たす能力を損なうことなく、現在のニーズを満たすような開発」だと国連は定義していますが、貧困や飢餓、気候変動や生物多様性の喪失などの地球規模の課題は、将来世代だけでなく現在の世代をも脅かしています。

日本の私たちの食卓をみると、こうした地球規模の課題とは無縁のように感じるかもしれません。「日本は世界有数の国内総生産（GDP）を誇る豊かな国なので、私たちが飢えることはない」と思っている人は少なくないでしょう。また、「日本は自動車などの工業製品を輸出して、食料を輸入した方が国が豊かになる」と多くの人たちが考えてきました。しかし、2020年代に入ってから起きた新型コロナウイルスの世界的蔓延やロシアとウクライナの戦争、歴史的な円安は、食料価格の高騰や物流の停滞というかたちで私たちのこれまでの「常識」を大きく揺さぶっています。

食料自給率が38%（カロリーベース、2021年）しかない日本は、一度輸入が途絶えてしまうとたちまち食料不足に陥ってしまうリスクを抱えています。国内の食料生産で用いられる化学肥料、家畜の餌、燃料の多くも海外からの輸入に依存しています。海外の国・地域も気候変動や人口増加などの影響を受けていますので、今後も食料を輸出し続けられるかは不透明です。今日の私たちの食卓は、とても脆い基盤の上に成り立っているのです。

また、私たちの食料はサステナブルな方法で生産、加工、流通、消費されているとは限りません。環境を汚染したり、多くのエネルギーを消費して温室効果ガスを発生させたり、生態系を破壊したり、まだ食べられる食料を大量に廃棄したりしています。生産者の人権や健康、財産が脅かされている場合もあります。農林漁業を営む人たちは高齢化し、農村では過疎化が深刻な問題になっています。私たちの食卓の向こう側で、誰かが困ったり、涙を流したりしていないでしょうか。このように現代の食と農はサステナブルとは言えませんが、言い換えると、食と農をサステナブルにすることで社会をよりよい方向に変えていくことができます。食と農は、日常の暮らしからサステナブルな社会を実現するためのカギだと言えるでしょう。

ほんとうのサステナビリティを求めて

若い世代が、気候変動問題の解決を求めてデモ行進や集会を各地で行なっています。スウェーデンの環境活動家のグレタ・トゥーンベリさんは、15歳のときに気候変動対策を求める活動を始め、世界の若者と連帯して大きな社会運動を形成しました。食と農のサステナビリティを求める新たな潮流でも、若い世代のみなさんが大きな役割を果たすことができます。大人たちが社会を変える役割を免除されている訳ではありませんが、固定観念や利害関係にとらわれない若い世代の方が、より柔軟で新しい考えや感性にもとづいて行動するチカラを発揮できるでしょう。

そのためには、既成概念を疑ってみる「クリティカル・シンキング」（論理的思考）と国内外の幅広い情報にアンテナを張ることが重要です。「サステナブル」と喧伝されている企業行動の中には、決して「サステナブル」とは呼べないようなものもあります。本書は、食と農のサステナビリティに関わる25のテーマと17のコラムで構成され、読者のみなさんが自ら考え、関心をもったテーマをさらに探究できるように、豊富な図解や写真、キーワード、参考文献・資料、「調べてみよう」のコーナーを設けています。最初から通して読むことも、気になるテーマやコラムから読むこともできます。各テーマには、生徒・学生のみなさんにアドバイスする先生たちが活用できるように解説もつけました。本書を読めば、これまで見聞きしてきたこととは大きく異なる情報や考え方、視点をたくさん得ることができるでしょう。

ただし、本書は読者のみなさんの先回りをして答えを提示することはしていません。たとえば、私たちの身の回りでよく使われているパーム油は、その原料を生産している国・地域で熱帯雨林の伐採、野生動物の生息域の破壊、および現地の生産者の暮らしなどで数多くの課題を抱えていますが、その解決策をめぐってはいくつものアプローチが存在しています。また、それらのアプローチに対する社会の評価も分かれています。本書は、そうした異なるアプローチがあることを読者に知ってもらい、みなさんが自分自身の問題としてとらえ、どのような解決策が望ましいのか、自分は何をしたらよいのかを探究してもらいたいという願いの下で編まれました。みなさんにとっての「ほんとうのサステナビリティ」を、これから一緒に探しに行きましょう。

本書に登場する主な略称

略称	英語表記	日本語訳
CBD	Convention on Biological Diversity	生物多様性に関する条約
CPTPP	Comprehensive and Progressive Agreement for Trans-Pacific Partnership	環太平洋パートナーシップに関する包括的及び先進的な協定（通称TPP11）
CSA	Community Supported Agriculture	地域支援型農業
ECI	European Citizens' Initiative	欧州市民イニシアチブ
EPA	Economic Partnership Agreement	経済連携協定
ESD	Education for Sustainable Development	持続可能な開発のための教育
EU	European Union	欧州連合
FAO	Food and Agriculture Organization of the United Nations	国連食糧農業機関
FTA	Free Trade Agreement	自由貿易協定
GAP	Good Agricultural Practices	農業生産工程管理
GHG	Greenhouse Gas	温室効果ガス
GM	Genetically Modified	遺伝子組み換え
IAASTD	International Assessment of Agricultural Science and Technology for Development	開発のための農業科学技術の国際的評価
ICT	Information and Communication Technology	情報通信技術
IFAD	International Fund for Agricultural Development	国際農業開発基金
IMF	International Monetary Fund	国際通貨基金
IPCC	Intergovernmental Panel on Climate Change	気候変動に関する政府間パネル
ITPGR	International Treaty on Plant Genetic Resources for Food and Agriculture	食料及び農業のための植物遺伝資源に関する国際条約
MA	Millennium Ecosystem Assessment	ミレニアム生態系評価
NAFTA	North American Free Trade Agreement	北米自由貿易協定
NGO	Non-governmental Organization	非政府組織
NPO	Non-profit Organization	非営利団体
ODA	Official Development Assistance	政府開発援助
PGS	Participatory Guarantee System	参加型有機保証
RCEP	Regional Comprehensive Economic Partnership	地域的な包括的経済連携協定
RSPO	Roundtable on Sustainable Palm Oil	持続可能なパーム油のための円卓会議
SDGs	Sustainable Development Goals	持続可能な開発目標
UNESCO	United Nations Educational, Scientific and Cultural Organization	国際連合教育科学文化機関（ユネスコ）
UNHRC	United Nations Human Rights Council	国連人権理事会
UPOV条約	International Convention for the Protection of New Varieties of Plants	植物の新品種の保護に関する国際条約
USMCA	United States-Mexico-Canada Agreement	米国・メキシコ・カナダ協定（新NAFTA）
VNR	Voluntary National Review	自発的国家レビュー
WHO	World Health Organization	世界保健機関
WTO	World Trade Organization	世界貿易機関

Theme

1 SDGsとはなにか?

持続可能な開発目標(SDGs)は、誰が提案したの?

執筆:関根佳恵

❶ SDGsの17のゴールと「5つのP」

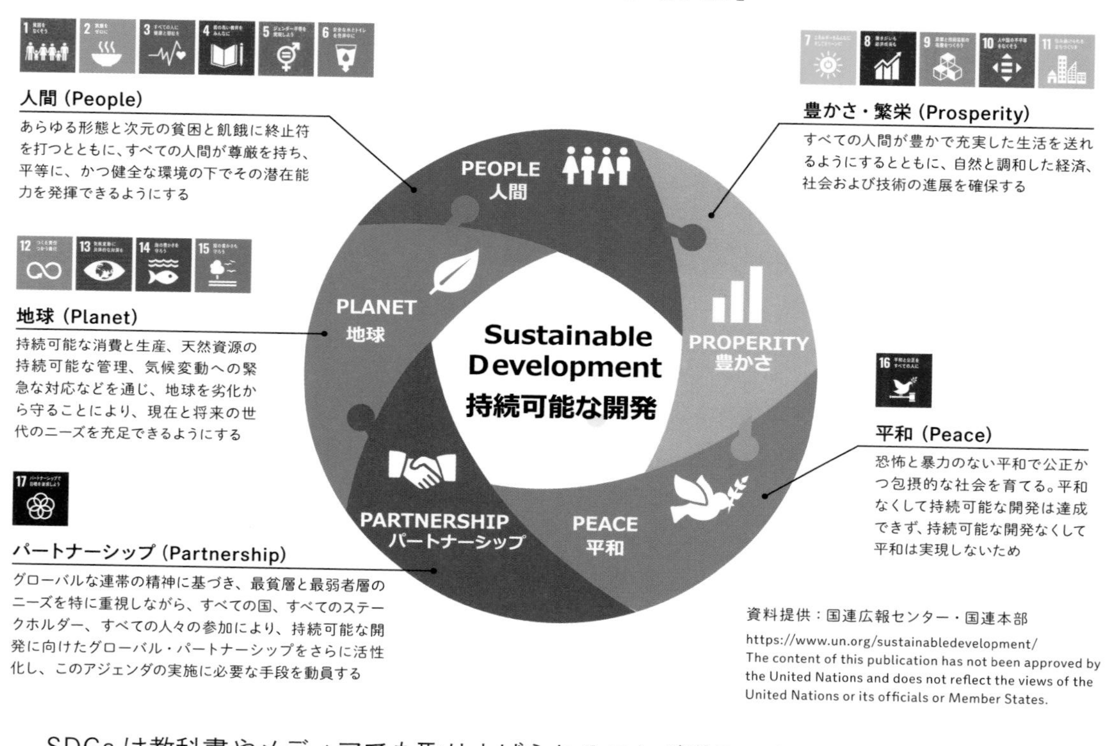

資料提供:国連広報センター・国連本部
https://www.un.org/sustainabledevelopment/
The content of this publication has not been approved by the United Nations and does not reflect the views of the United Nations or its officials or Member States.

SDGsは教科書やメディアでも取り上げられることが増え、その17の目標を知っている人は増えましたが、それが誰の提案でどのように作られたのかは、あまり話題になっていないようです。「国連が決めた」「大国や大企業が決めた」と思っている人もいるかもしれませんが、実はコロンビアやグアテマラなどの中南米の中小の国々が提案し、議論をリードしたのです。特に、コロンビアの外交官ポーラ・カバジェロという女性が「SDGsの生みの親」と言われています。それでは、SDGsはどのように誕生し、なにを目指しているのか、食・農・環境とどのように関わっているのか、詳しく見ていきましょう。

探究に役立つ関連キーワード

SDGs、小さな国、サステナビリティ、グリーンウォッシュ、
SAFA (Sustainability Assessment of Food and Agriculture Systems)

小さな国が提案したSDGs

SDGsは、2015年に国連で採択された「我々の世界を変革する：持続可能な開発のための2030アジェンダ」という文書の一部です。私たちが住む持続可能ではない世界を変革するために達成すべき17の大目標、169の小目標、および232の指標を定めています。2015年までの達成が目指されていたミレニアム開発目標（MDGs）の後継として、国際社会が2030年までに達成することを合意しています。

SDGsは、2012年にブラジルで開催された、国連の持続可能な開発会議（リオ+20サミット）の準備会合（2011年、インドネシア開催）で、コロンビアの外交官ポーラ・カバジェロが提案したことがきっかけとなり、コロンビアとグアテマラが議論をリードするかたちで交渉が進められました。

リオ＋20サミットの場でSDGsを策定することが合意され、それから3年をかけて世界中の異なる立場の人たちが参加してSDGsを練り上げました。国連加盟国の政府だけではなく、幅広く一般市民からも意見を募集し、女性、若者、先住民、自治体、障害者、民間財団などのグループも議論に参加しました。

17の目標は、人間、豊かさ・繁栄、地球、平和、パートナーシップの頭文字をとって「5つのP」に分類され、環境、社会、経済のサステナビリティ（持続可能性）を実現するために策定されています（❶）。ですが、一つひとつの目標は独立しているのではなく、相互に不可分な関係にあります。

でも近年は、SDGsの目標の一部のみに取り組んだり、サステナブルとはいえない行為をしたりしている企業が、環境広報を大々的に行なっていることが批判されています。こうした行動は「グリーンウォッシュ」と呼ばれています。SDGsが謳う「誰一人取り残さない」変革を実現するためには、より根本的な改革が必要です。

調べてみよう

- □ **日頃の食生活をふり返って、SDGsの目標達成に貢献する行動をあげ、どのくらい実践できているか考えよう。**
- □ **みなさんの学校などで取り組んでいるSDGsの実践を、「SAFA（15ページ参照）」で計測してみよう。**

解説1 高まるグリーンウォッシュへの批判

持続可能な開発とは、「将来世代のニーズを満たす能力を損なうことなく、現在のニーズを満たすような開発」であると、1987年の国連「環境と開発に関する世界委員会」の報告書「我々の共通の未来」で定義された。しかし、気候危機や生物多様性の急速な喪失、格差の拡大と貧困、食料危機、感染症の蔓延などにより、実際には将来世代だけでなく現在の世代も生存の危機にさらされている。なぜこのような世界になってしまったのか。原因は、私たち人類の営みにある。破局を避けるためには、対症療法ではなく社会の全身治療(ホリスティックな改革)が求められる。

しかし、SDGsの普及や環境保護主義の台頭により、これを新たなビジネスチャンスとして自らの成長に取り込もうと考える企業が増えてきた。実際にはSDGsの一部の目標にしか取り組んでいないのに、SDGsに積極的に取り組む優良企業であることをアピールする企業もあれば、環境汚染や労働者の権利侵害をしている企業の役員がSDGsバッジを身に付けていることもある。こうした行為は、見せかけの環境保護主義として「グリーンウォッシュ」や「SDGsウォッシュ」と呼ばれて批判されている。うわべだけのごまかしを意味する「ホワイトウォッシュ」から転じた言葉だ(グリーンは環境保護のカラー)。また、国連の活動に参加していることをアピールして、内実が伴わないのに企業イメージの向上を図ろうとする行為は、「ブルーウォッシュ」と呼ばれる(ブルーは国連のカラー)。

グリーンウォッシュやSDGsウォッシュをする企業が増えることにより、残念ながら一部では、SDGsに取り組むことへの白けたムードが漂うようになっている。また、SDGsの成立過程で多国籍企業やその利益を代弁する国の意見が反映されて、SDGs自体が歪められたとする見方や、SDGsは拘束力を持つ条約ではないため実効性が欠如しているという評価もある。確かに、市場経済の枠組みの中では根本的な解決が難しい課題も少なくない。しかし、グリーンウォッシュを理由にSDGsに取り組まない国や企業、市民が増えれば、それこそ私たちが直面する課題は深刻化していくだろう。SDGsの達成を通過点として、その先の未来社会を豊かに展望することが必要だ。

解説2 食と農のサステナビリティを評価する

SDGsは農林漁業や食と深い関わりがある。たとえば、世界の貧困人口の8割は農村で農業を営んでいるため、貧困をなくすためには農業への支援が必要だ(ゴール1)。飢餓をゼロにするためには食料生産のあり方が鍵になる(ゴール2)。バイオ燃料などのクリーンエネルギーは農林水産物から供給される(ゴール7)。住み続けられるまちづくりのために都市農業をしたり(ゴール11)、無農薬栽培などの環境負荷の少ない食料生産をしたり、食品ロスを削減したりすること(ゴール12)、有機農業で温室効果ガスを土壌の中に貯留したり、林業を活性化して気候変動対策とすること(ゴール13)、

もっと学ぶための参考文献・資料

●古沢広祐 著（2020）『食・農・環境と SDGs』農文協
●南 博・稲葉雅紀 著（2020）『SDGs――危機の時代の羅針盤』岩波書店

生物多様性を維持して海と陸の豊かさを守ること（ゴール 14、15）などが代表的だ。言い換えると、農林漁業や食のあり方がサステナブルでなければ、SDGs は達成することが難しい。

国連食糧農業機関（FAO）は、食と農のあり方の持続可能性を客観的に評価するための指標「SAFA」を 2013 年に発表した。FAO は、サステナビリティを「環境保全、回復力ある経済、社会的福利、よき統治の 4 つが達成され、将来にわたって継続的に活動を営むことができること」と定義している。SDGs は環境、社会、経済の 3 段階で達成されると考えられているが、これを実現するためには「よき統治（ガバナンス）」がなくてはならない。SAFA は 100 を超える指標で構成され、農と食に関わる企業だけでなく、農林漁業団体、協同組合、NGO・NPO、政府や地方自治体などもアレンジして活用することができる。グリーンウォッシュを規制するためにも、サステナビリティの取り組みの実態を見える化し、絶えず取り組みの見直しと改善をすることが求められている。

❷ FAOが策定した食農システムのサステナビリティ評価の4分野と21項目

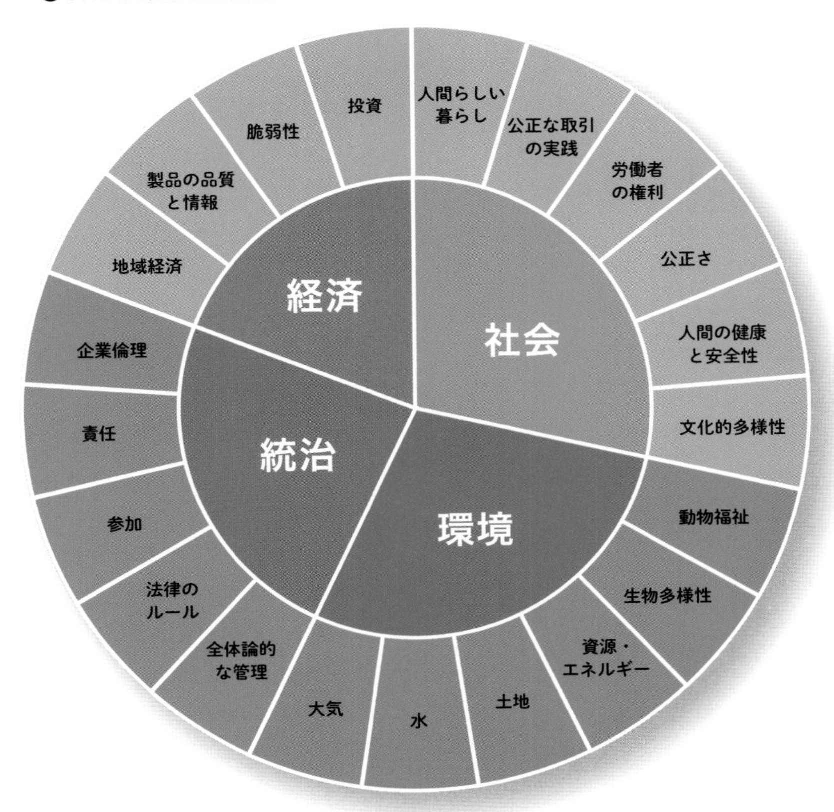

資料：FAO（2014）SAFA Guidelines Version 3.0. Rome：FAOより筆者作成

Theme

2 日本の農林漁業とSDGs

日本の農林漁業は サステナブルと言える？

執筆：金子信博

❶世界に依存する日本の農林漁業

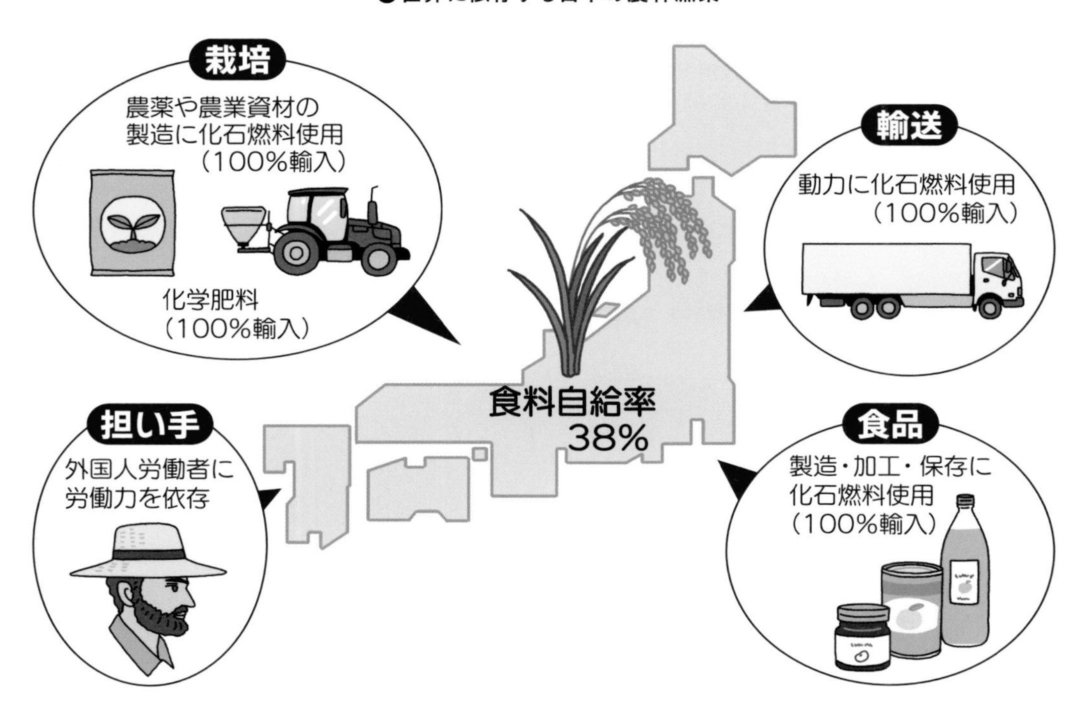

農林漁業は自然を相手にして野外で健康的に働き、自然環境に良い影響を与えるというイメージがないでしょうか？でも実際には、現在主流の農林漁業は動力や資材製造のために化石燃料を大量に使い、より価格の安い生産国から輸入する国際分業に依存しています（❶）。そのため紛争や国際関係の変化で価格が高騰したり、資材や食料を入手できなくなったりする可能性があります。農業も林業や漁業も、いずれも生態系の持つ働き（生態系サービス）に大きく依存していますが、現在のやり方では生態系そのものを壊し、農林漁業が成り立たなくなりつつあります。私たちの生活を支えている農林漁業は、そのあり方を大きく考え直す時期に来ています。

探究に役立つ関連キーワード

生態系サービス、土壌生態系、保全農法、アグロエコロジー、土壌微生物・土壌動物

「耕す」ことは農業の基本？

畑や田んぼを見に行くと、農家がトラクターで土を耕しています。これは硬くなった土をほぐし、肥料や堆肥をよく混ぜ、雑草を取り除き、種子や苗を植えやすくするためとされています。ところが意外なことに、土は耕せば耕すほど、硬くなり肥沃度を失います。そのため、生産力を維持するためにはさらによく耕し、肥料をたくさん投入するという悪循環に陥っています。

土の中には作物の根の他に、土壌微生物やミミズなどの土壌動物が多数生息しています。草原や森林を見ると、誰も耕したり肥料をやったりしていないのに農地よりも見事に植物が育っています。本来の自然の土は、耕さなくても植物と土壌生物の助け合いによって健康な植物の生育を支えています。自然の土は農地の土に比べてはるかに健康です。自然の土は耕されることはないので、土壌生物たちは耕されると生息できなくなります（❷）。

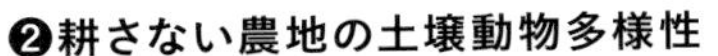

❷耕さない農地の土壌動物多様性

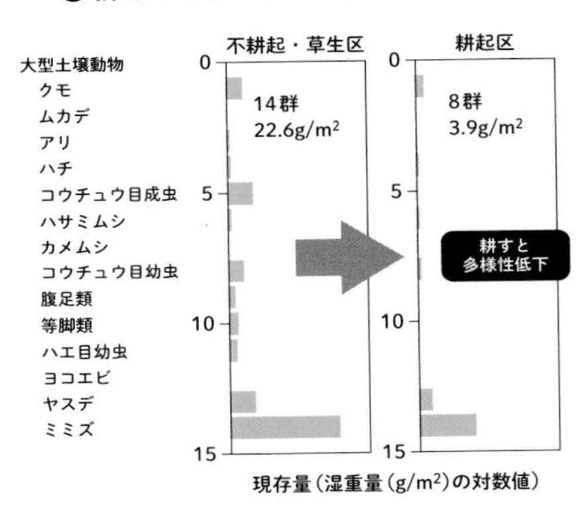

資料：小松﨑将一、金子信博（2019）「有機農業と環境保全」『有機農業大全』コモンズ、206-271ページ

日本ではあまり広がっていませんが、世界では不耕起・省耕起、敷き藁やカバークロップ（被覆植物）による地表の保護（乾燥や、降雨による土壌流失を防ぐなど）、そして輪作や混作を合わせて実行する「保全農法」が急速に拡大しています。「保全農法」を採用すると、土の中の根の量や種類、土壌微生物や土壌動物の多様性が増大し、化学肥料や農薬を削減しても収穫量を維持することができます。土を健康に保つことで生産コストが削減され、しかも健康な作物ができるので、これまでよりサステナブルな農業が可能になってきました。

調べてみよう

- □ 世界の国別の農薬使用量（面積当たりの有効成分量で比較）はどうなっている？
- □ リン肥料の主要な生産国はどこだろう？
- □ 植物の根に共生して植物の生長を助ける菌根菌の仲間には、どのような種類があるだろう？

生態系サービスに依存する農林漁業
――誰もがお世話になっている「自然の恵み」

「生態系サービス」とはSDGsの前身となった国連のミレニアム生態系評価（Millennium Ecosystem Assessment；MA）で提唱された概念で、日本語では「自然の恵み」と呼ぶほうがわかりやすいだろう。生態系は人の働きかけがなくても、生物たちの相互作用によって、さまざまな機能を発揮している。

たとえば、独立栄養生物である緑色植物などは光合成によって有機物を作り、従属栄養生物である微生物や動物に食物を供給している。その過程で、大気から二酸化炭素を吸収して酸素を供給し、水分を葉から蒸散させることで結果的に大気中のガス組成や気候を安定させている。また、森林に降った雨の水質よりも森林から流れだす渓流水のほうが水質がよく、一年を通して流量も安定する。

これらの機能を生態系機能と呼ぶ。生態系機能は私たちにとってはまさに自然の恵みであり、私たちはサービスとして無料で利用させてもらっている。そのため、食料生産や環境形成に加えて、文化的な機能まで含めてさまざまな「自然の恵み」が「生態系サービス」と呼ばれている。

これまでの研究で、生態系を構成する生物が多様であるほど生態系機能が高まることがわかってきた。これは、言い換えると生物多様性が低下すると生態系機能が低下し、ひいては私たちが享受してきた生態系サービスが劣化することを意味している（❸）。

農林漁業はまさに、生態系サービスに直接に依存している。植物工場と違って水田や畑地では、温度や湿度を保つためのエネルギーを必要としない。農地では作物と共に多くの生物が共存しており、作物の生長を助け、病害虫から守っている。

林業は農業に比べるとはるかに粗放的であり、下刈りや間伐を除いて50年以上の長い育成期間の間、自然任せにして樹木を育てている。漁業では養殖の割合が増えつつあるものの、依然として野生の魚類を捕獲する漁業が中心である。そのため、乱獲で漁獲高が減少したり、魚個体群の自然の変動の影響を受けて不漁となったりする。林業や漁業では生態系としての森林や海洋の資源を過度に利用するのではなく、長期にわたって再生産可能な状態に利用することが基本である。

生物多様性を保全する理由はさまざまにあるが、生態系サービスを持続可能な状態で利用できるようにすることもその大きな理由である。

❸正の関係で連関する「生物多様性」「生態系機能」「生態系サービス」

生物多様性 → 生態系機能 → 生態系サービス

正の関係　　正の関係

もっと学ぶための参考文献・資料

● Millennium Ecosystem Assessment 編、横浜国立大学 21 世紀 COE 翻訳委員会 責任翻訳（2007）『生態系サービスと人類の将来── 国連ミレニアムエコシステム評価』オーム社
●金子信博 編著（2018）『土壌生態学（実践土壌学シリーズ 2）』朝倉書店
●澤登早苗・小松﨑将一 編著、日本有機農業学会 監修（2019）『有機農業大全── 持続可能な農の技術と思想』コモンズ

「耕さない農業」とは
──「土壌の健康」と「保全農法」の世界的な拡大

今の私たちの食を支えているのは、「緑の革命」と呼ばれる高度に技術改良をされた近代農法である。品種改良、化学肥料や農薬の開発、農業機械や灌漑施設の整備により、作物の生産量は大幅に拡大した。そして作物が傷まないように大量に運び、スーパーマーケットなどで大量に販売することで、日本全国どこでも同じように米やパン、野菜や果物などを購入できるようになった。

一方、近代農法の弊害として化学肥料や農薬による環境汚染や土壌の劣化が深刻になってきた。また、動力や農業資材の製造のために化石燃料を多用することで農業起源の温室効果ガスの排出が多くなった。近代農法は土壌が本来持つ機能をうまく引き出すことができず、このままでは資材の投入を増やしても、生産力がこれまでのようには増大せず、むしろ低下する恐れが出てきた。そこで、国連食糧農業機関（FAO）をはじめとして多くの国で「保全農法」が推奨されている（❹）。「保全農法」の採用によって土壌微生物や土壌動物の多様性が向上し、それらの働きによって耕さなくても土壌構造が改善する。すなわち、土壌を健康な状態に保つことが可能である。

「保全農法」の採用で収穫量が慣行農法に比べて低下することが懸念されるが、耕さないので燃料費や作業時間（人件費）を節約でき、化学肥料や農薬の投入量も削減できる。したがって、生産コストの大幅な削減が可能である。その結果、農家の収益は大きく改善される。

「保全農法」では従来の農機具や農作業を大幅に変更する必要がある。FAO では世界の小規模家族農業にこの「保全農法」が最適であるとして推奨しているが、不耕起栽培に適した農機具や作物の品種改良など、農法全体を視野に入れて農業全体を大きく転換することになる。

日本の「みどりの食料システム戦略」では有機農業の栽培面積割合を 2050 年までに全農地の 25％にするという目標数値を掲げているが、慣行農家が有機農業に転換するためには、まず「保全農法」を採用し、土の健康を回復しつつ、化学肥料や農薬を削減するという手順が重要である。

❹保全農法の世界的な拡大

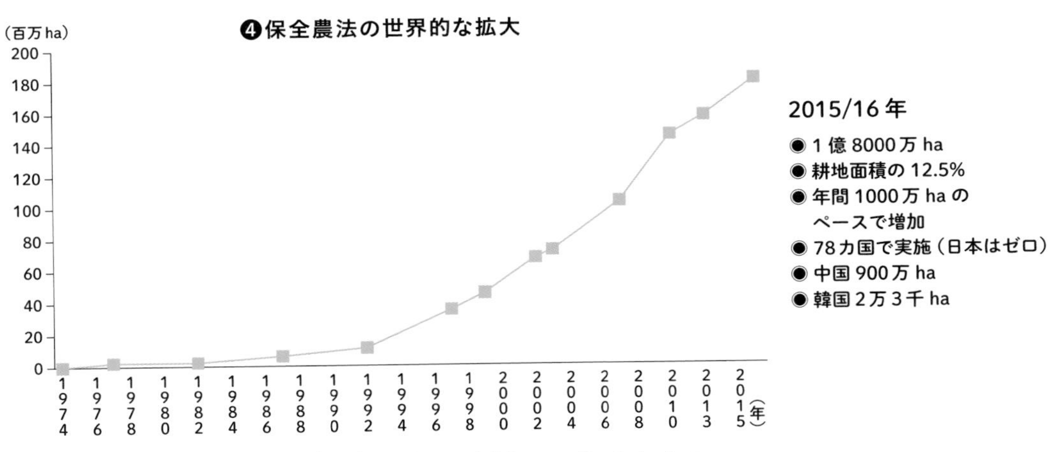

資料：Kassam A, Friedrich T, Derpsch R (2018) Global spread of Conservation Agriculture. International Journal of Environmental Studies 76:29-51

Theme 3

日本の農林漁業とジェンダー

農家にお嫁さんが来ないって、ホントですか？

執筆：上野千鶴子

わかもの
人生相談

農家にお嫁さんが来ないって、ホントですか？（悩める高校生より）

農村の嫁不足というニュースを聞いたことがあります。農家の跡取りの長男が結婚難だそうです。次男坊、三男坊は家を出て都会に行ってサラリーマンになり、娘たちもさっさと都会へ出て行ってサラリーマンの妻になって家に帰らない。残されたのは、ジイチャン、バアチャン、カアチャンの「三チャン農業」で、そのひとたちも高齢化している。家に留まった長男も独身のまま中高年になってきた。このままでは農業に後継者がいなくなるんじゃないか、って心配です。

探究に役立つ関連キーワード

ジェンダー、三チャン農業、外国人花嫁、家族経営協定、消滅可能性都市

嫁不足の解決策はたったひとつ！

あなたのいうとおりです。あなたが男の子なら、農業の後継者になりますか。もし女の子なら、農家に嫁ぎますか。「お嫁さん」という言い方がそもそも問題ですね。舅姑のいる「家」のなかにヨソモノとして入っていって、家風に合わせて仕える…なんて「やってられねえや」と思うでしょう。農家の嫁は労働力です。昔は、嫁は牛馬のように働かされ、「嫁より牛馬の方が大事」とさえ言われました。そんなところに嫁ぎたいと思う女性はいませんし、農家の嫁をやってきた母親たちも「娘を農家にだけは嫁がせたくない」と思ったものです。それなら嫁不足が起きるのも無理はありません。日本人のお嫁さんが来ないので、外国まで探しに行って、農村では「輸入花嫁」（外国人花嫁ともいう）がブームになったこともあります。

解決策はたったひとつ。農家の後継者の妻の地位を上げることです。財布や意思決定権を舅姑が独占するのではなく、息子夫婦にもきちんと相談し、息子と息子の妻の貢献をそれぞれちゃんと見える化し、息子の妻の貢献に相応に報い、休暇や自由を味わってもらい、家事も育児も介護もお互いに分担して、助け合って生きる…。そう考えれば、農家の三世代同居の暮らしは、支え合いの共同生活になりますし、祖父母の協力があるからこそ、外で働き続けられる農家の妻もいます。

それ以前に、農業が未来に希望のある、食える職業にならなければなりませんね。自然や天候に左右される農業は、毎月決まった給料が保証されるサラリーマンと違って、自然から恵みを得ることもあれば、反対に自然に翻弄されることもある浮き沈みの大きい産業です。その代わり、上司の顔色をうかがうこともなく、同僚に遠慮する必要もありません。自然に感謝しながら、手応えとやりがいのある、そして働いた分の報酬が確保されるだけの産業になったら、きっと農業をやりたいと思う若い女性や男性が、増えるのではないでしょうか。

調べてみよう

- □ **あなたの家族のなかでは、男女の役割分担はありますか。**
- □ **なぜそうなっているのか、
家族はその分担をどう思っているのでしょうか。**
- □ **どうすれば家族経営協定の締結数が増えるか議論してみよう。**

解説1 農家女性の歴史

❶高知県佐川町の茶畑。婚活イベントをきっかけに結婚、農家を継ぐ二人　撮影：高木あつ子

家族農業は長い間、日本では遅れた封建遺制の代名詞だった。だが忘れてはならないのは、戦前の農業が地主―小作制のもとに置かれてきたことに対し、敗戦によるGHQ（連合国最高司令官総司令部）改革によって「農地解放」がもたらされ、多くの自作農が一挙に生まれたことである。もし農地解放がなければ、日本は停滞した低開発国のままだっただろう。高度成長期が開始する1950年代までは、日本は産業別人口構成の3割が農林漁業の一次産業に従事し、農家世帯率が5割を超す農業社会だった。自分の田畑を手に入れた農家は、家族経営をもとに家族主義化を強め、この米作中心の自作農家に利益誘導をすることで、日本の戦後政治は強固な保守の基盤を築いてきた。米の買取価格の方が販売価格を上回る逆ざやの食糧管理制度で農家を守ってきたのである。また、農村部に有利な「1票の格差」も地方の利益を守ってきた。

高度成長期に兼業農家化が急速に進み、農家の夫たちは公務員や会社員などにサラリーマン化していく。同時に内陸型工場立地が進んで、農家の妻たちも労働力化していった。もともと老いも若きも働ける者はすべて働きに出る農村の慣習のもとでは、そこに労働機会があれば妻が就労しない理由はない。したがって日本では農村部ほど既婚女性の就労率が高いという傾向が見られる。農家には歴史的に（家事・育児）専業主婦などいなかったのだ。また、技術革新が進んで農業の機械化と農業機械の小型化が進行し、共同作業が必須だった農作業を少人数でできるものに省力化した。機械化によって力仕事は不要になり、農作業はジイチャン、バアチャン、カアチャンが片手間でもできる労働になった。これが「三チャン農業」の由来である。

高齢化はさらに進み、後継者難から、農地を手放したり、第三者に貸したりする農家も増えてきた。また、戦後米穀管理体制以外には無策に終始したために「ノー政」とすら言われた農業政策もまた、グローバリゼーションのもとで維持することが難しくなり、1995年には食糧管理法が廃止された。外国から安価な農産物が流入し、日本の食料自給率は急速に低下、カロリーベースで38％（2021年）となった。その過程で農業は、他の産業に比べて、労働のきつさや収入の上で割の合わない、不利な産業になっていった。そのなかで農家の長男は後継者として家に留められ、前記に挙げた「嫁不足」を経験することになった。嫁の来ない過疎の村、山形県大蔵村では行政を挙げてアジアから「輸入花嫁」を斡旋したが、後にDVや離婚、産まれた子どもの教育問題などに直面して、この事業をとりやめるようになる。

もっと学ぶための参考文献・資料

- 上野千鶴子 著（2021）『女の子はどう生きるか — 教えて、上野先生！』岩波ジュニア新書
- 上野千鶴子・田房永子 著（2020）『上野先生、フェミニズムについてゼロから教えてください！』大和書房

解説2 農家女性と農業の持続可能性

農家のなかでも嫁の地位がもっとも低いことはよく知られている。農協に加入するのは夫、農産物の売り上げは農協を通じて夫名義の口座にまとめて入り、それを管理するのは夫か夫の両親、妻の管理権はないばかりか、妻の貢献は目に見えない。妻の働きがなければ成り立たないのに、それが無視されるのが農家の嫁の立場だった。戦後、妻の働きを見える化するために「家族経営協定」が法制化された。「家族経営協定」は経営参画や収益配分、休日などを家族構成員のなかで話し合って決めるものだが、実際に締結している農業経営体は、2020年のデータで個人経営体103.7万のうち約5%と少ない（❷）。

その間にも農村からは出産年齢の女性人口の流出が続き、2014年に日本創成会議が発表した「消滅可能性都市」のリストでは、全国、とりわけ地方の計896自治体が2040年までに消滅すると予想された。

家族農業の持続可能性が疑問に付されるなかで、政府は農業の集団化や法人化を進めている。では家族農業はもう終わりなのか。営利企業による集団的な農業では、農地は生産手段のひとつにすぎない。そこからどれだけの収益をより効率的に挙げるかが問われる。だが農業は土地との対話である。農地は一世代では作れない。家族農業では、自分の世代だけでなく、次世代、次々世代へ、農地という大切な宝物を受け渡していくという動機付けが生まれる。農業の持続可能性のもとで、家族農業がふたたびキーワードとして浮上してきた。農家出身でない新規就農者も徐々に増えてきたが、彼らも家族を基盤にしている。

秋田県では全自治体25のうち24が消滅可能性都市に挙げられたが、そのうち大潟村だけは例外だった。なぜだろうか。1964年に大型開発をした干拓地に移住した農家は、一戸当たり平均28ha（2020年現在、全国平均の約9倍）という大規模農業をもとにした専業農家を目指してきた。米の出荷量を調節する減反政策のもとでも、青田刈りなどの強引な政府の政策に抵抗してきた「闘う農村」だった。この大潟村では農協の女性役員の比率も高く、村議会に女性議員もいる。平成の大合併にも応じず、村独自の行政を守ってきた。村には後継者が育ち、ちゃんと配偶者もいるし、子どもたちも生まれている。未来に希望さえあれば、家族農業は持続可能なのだ。ウクライナ危機で食料安全保障が問われる今日、他国に依存しない地産地消を推進するためには、もういちど、女性が家族を形成し、子どもを産み育てることに希望が持てるような農業の再生が必要だろう。

❷家族経営協定 締結農家数の推移

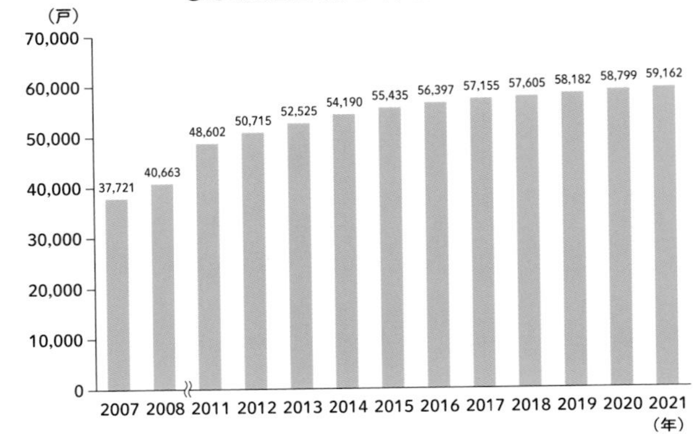

注1：各年とも3月31日現在。
注2：2009年及び2010年は、調査を実施していない。
注3：東日本大震災の影響により、2011年の宮城県及び福島県の一部自治体の締結農家数については、2010年3月31日現在のデータを引用。
資料：農林水産省（2021）「家族経営協定締結農家数について」より作成

Theme 4

日本の農林漁業と若者

農家の高齢化は、日本以外の国でも進んでいるの？

執筆：関根佳恵

❶日本とフランスの年齢階層別の農業生産者数の割合（%）

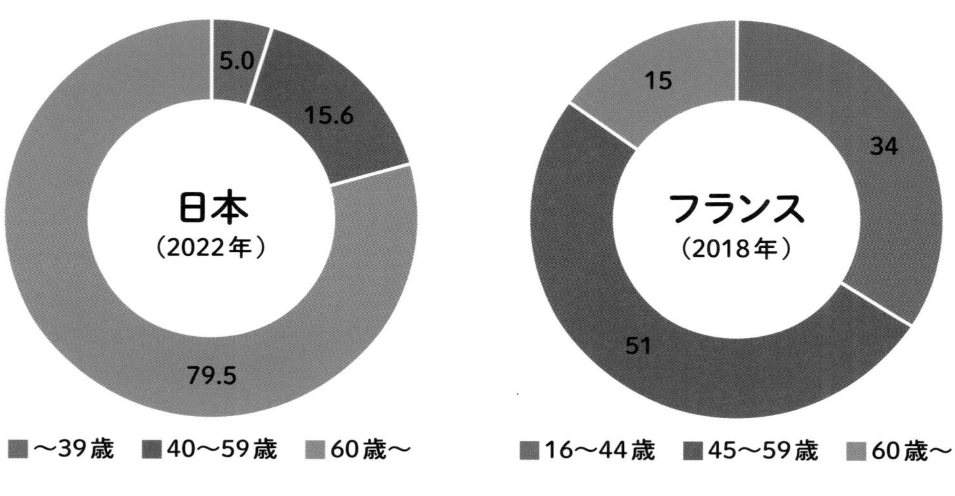

資料：農業構造動態調査、INSEE（フランス国立統計経済研究所）より筆者作成

いま、農家（農業生産者）の平均年齢は世界的に上昇傾向にあります。それは、若者が農業以外の職業を選ぶ傾向にあるからです。でも、国別の動向を見てみると、日本の農業生産者の高齢化は、他の国よりも突出して進んでいます。たとえば、日本では基幹的農業従事者に占める60歳以上の割合は79.5%（2022年）ですが、フランスでは15%（2018年）です(❶)。工業化やサービス産業化が進んだ国の間でもこんなに違いがあるのはなぜなのでしょうか。詳しく見ていきましょう。

探究に役立つ関連キーワード

若者、高齢化、農業所得、新3K、社会貢献

フランスでは農業が若者の憧れの仕事に？

日本では、「成熟経済の下で労働力は工業・サービス産業に移動するので、農業生産者が高齢化するのは仕方ない」という受け止め方をされることがあります。でも、農業生産者が高齢化し、やがて引退すれば、私たちの食料を作ってくれる人は誰もいなくなってしまいます。「食料は外国から輸入すればよい」と考える人もいますが、円の価値の下落や紛争・戦争、感染症、気候危機などで安定的に食料を輸入し続けることはますます困難になっています。

日本とフランスは、ともにG7（主要7カ国）に数えられる工業化やサービス産業化が進んだ国ですが、フランスでは日本ほど農業生産者の高齢化は進んでいません（❶）。日本の基幹的農業従事者の平均年齢66.6歳に対して、フランスでは49.3歳となっています（2017年）。ちなみに、アメリカでは57.5歳です（同年）。なぜ、このような違いが生じるのでしょうか。

その背景には、農業生産者に対する政策的支援や所得保障制度の充実度の違いがあります。さらに、フランスを含む欧州連合（EU）では、2000年代から環境保全型の農業への転換を進め、農業という職業に対する社会的イメージが大きく改善しています。特に、新規就農する若者のほとんどが実践を希望している有機農業は、生物多様性を保全し、気候変動対策をしながら景観を維持し、農産物の加工販売、農家レストラン、アグリツーリズムなどと結びつきながら地域に雇用と所得を生み出し、地域社会を活性化する持続可能な未来の仕事として、見直されています。そのため、大学卒業以上の学歴を持つ農業生産者の割合も年々高まっており、農業のイメージ自体が変化しています。

調べてみよう

- ☐ **みなさんは将来、どのような職業に就きたいですか。理由をあげてみよう。**
- ☐ **みなさんは、農林漁業を仕事にしたいと思いますか。理由をあげてみよう。**
- ☐ **みなさんの地域で農林漁業をしている若い人はいますか。なぜ農林漁業を仕事にしているのか、話を聞いてみよう。**

日本の若者は農業を志さない?

今日、日本の若者はどのような職業を志しているのだろうか。高校生の男女が選ぶのは、所得が安定しているイメージの強い会社員や公務員だ(❷)。男子の35.5%、女子の28.1%を占めている。ITエンジニア・プログラマー、教師・教員、医師なども男女共通して上位にきているが、農業は見当たらない。若者が「将来、農業をやりたい」と言ったら、教師や保護者はもろ手を挙げて賛成するだろうか。日本の場合、そうではないようだ。それは、なぜなのだろうか。

主な理由は、農家の所得が天候や市況によって左右されるため不安定で低水準だというイメージにある。本当に農家の所得は他産業に比べて低いのだろうか。確かに、販売農家の平均農業所得(年間)は、174万円(2018年)と、非正規労働者の平均給与の179万円を下回っている(❸)。しかし、農家は農業から得られる所得(農業所得)以外にも自営業や給与、年金などの所得を得ており、これらを含めると販売農家の平均年収は511万円になる。これは、正規雇用の労働者の平均給与504万円を上回る。特に主業農家の農業総所得は801万円となり、給与所得者の給与を大きく上回っている。

農家は生産した米や野菜などの農産物を自家消費できるので、食費も抑えることができる。農家が経営リスクを分散しながら農業に取り組めるように、農山漁村地域に多様な副業による所得獲得機会を創出することも重要だ。さらに、食料の提供や国土保全などの公共性の高い多面的機能を果たしている農家に対して、政府がその所得を保障することも欠かせない。

❷高校生が「大人になったらなりたいもの」(2022年)

	男子		女子	
1	会社員	22.8%	会社員	18.7%
2	公務員	12.7%	公務員	9.4%
3	ITエンジニア・プログラマー	8.6%	看護師	7.4%
4	教師・教員	5.1%	幼稚園の先生・保育士	6.1%
5	ゲームクリエイター	4.5%	教師・教員	5.2%
6	医師	4.1%	医師	3.7%
7	野球選手	2.7%	ITエンジニア・プログラマー	3.1%
8	鉄道の運転士	2.3%	美容師・ヘアメイクアーティスト	2.6%
9	サッカー選手	2.1%	パティシエ	2.4%
10	その他スポーツ選手	1.8%	薬剤師、トリマー・ペットショップ店員	2.0%

資料:第一生命株式会社によるアンケート調査結果(2022年3月16日発表)より転載

❸給与所得者の年間給与と販売農家の年間所得の比較(2018年)

(単位:万円)

	給与所得者			販売農家	
		うち正規	うち非正規		うち主業農家
給与または農業総所得	441	504	179	511	801
うち農業所得	—	—	—	174	662

資料:農林水産省「農業経営統計調査」および国税庁「民間給与実態統計調査」より筆者作成

●関根佳恵 著（2020）『13歳からの食と農――家族農業が世界を変える』かもがわ出版

解説2 増加する若い新規参入者

農業は、「きつい」「汚い」「危険」の頭文字をとって「3K」の仕事と呼ばれ、就業希望者が少ない業種になっている。たしかに、農業は太陽の下で汗をかき、土に触れながら力仕事をする重労働というイメージがある。また、農作業中の事故による年間死亡者数は10万人当たり15.6人であり、全産業平均の1.4人、建設業の6.1人を大きく上回っている（2018年）。さらに、「稼げない」「結婚できない」を加えて「5K」とさえ言われることもある。

冷房のきいた都会のオフィスでパソコンに向かって仕事をする方がカッコいいと思う若者は少なくない。しかし、都会のオフィスでは長時間労働やストレスで体調を崩したり、雇用調整でリストラ（解雇）されたり、いくら働いても正規職員になれず、貧困から抜け出せない「ワーキングプア」が社会問題になったりしている。新型コロナウイルス禍をきっかけに、人口過密の都会で満員電車に揺られて通勤する暮らしを見直して、地方に移住し、農業や林業、漁業を始めたいと思う人が増えている。農林漁業が持続可能な社会をつくるために必要不可欠な仕事だと気づく人たちが増えれば、農林漁業は若者の憧れの仕事になるかもしれない。

実際、近年では農林漁業を「新3K」、すなわち「かっこいい」「稼げる」「感動がある」仕事として見直す機運がある。これに「革新的」などが加わることもある。林業や漁業でも「脱3K」や「新3K」をかかげて新たな取り組みを始めて、若い人を呼び込むことに成功している地域もある。特に林業や漁業では、近年、就業者に占める若者の割合が徐々に高まっている。農業では、新たに農業を始める新規就農者のうち、実家の農業を継ぐ「自営」新規就農者に占める49歳以下の割合は2割程だが、「雇用」と「参入」の新規就農者に占める49歳以下の割合は7割にのぼる（❹）。

特に、実家が農家でない人が新たに自営農業を始める「参入」は、49歳以下の割合が上昇傾向にある。新規就農者の9割以上は、環境に優しい「有機農業をやる」あるいは「有機農業をやりたいと」希望していることから、フランスと同様に、日本でも農業に対する若者の意識は変化してきていると考えられる。今後は、持続可能な社会を支える農家を育てるために、若者を応援する側も意識を転換しなければならないだろう。

❹就業形態別の新規就農者数の推移と年齢構成

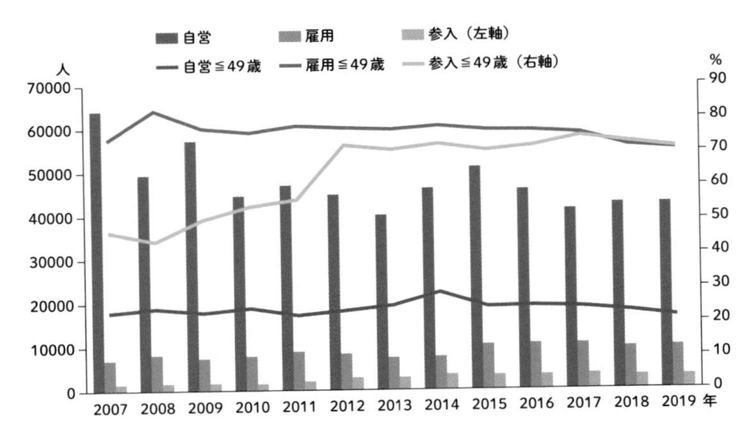

資料：農林水産省「新規就農調査」より筆者作成

Theme 5

便利な生活を見直してみる——脱プラスチックを通して

プラスチックは生活のどんなところで使われているの？

執筆：星野智子

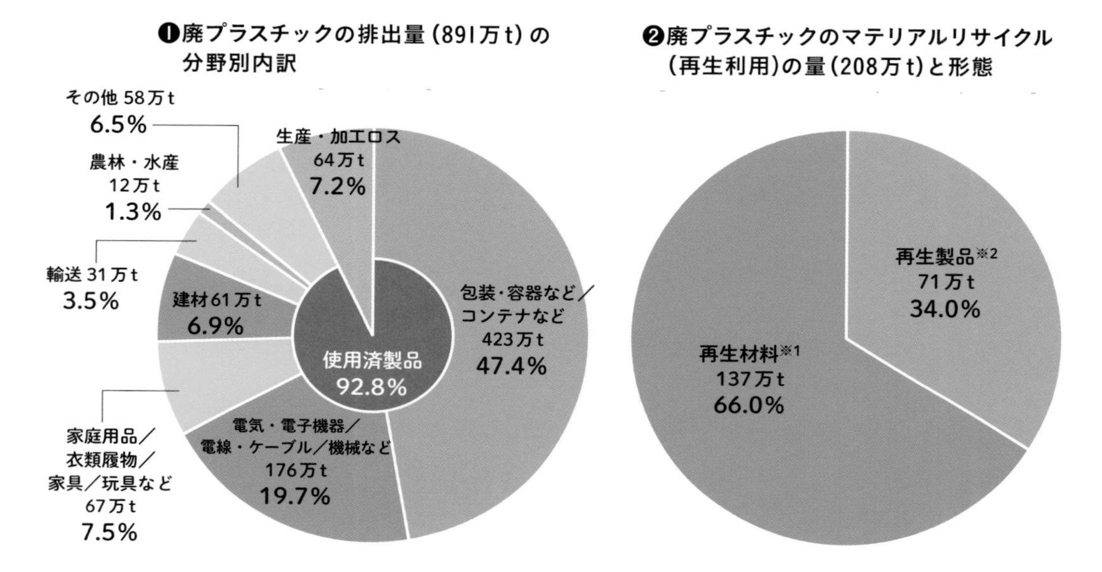

（図左）2018年の日本の廃プラスチックの排出量は891万tで、そのうち包装資材として使われたものが半数近くを占める。
（図右）リサイクルされた廃プラスチックの量は2018年で208万tで、その7割が使用済みの廃棄物からのリサイクルとなっている。
※1　再生材料は、ペレット、フレーク、フラフ、ブロック、インゴットを指す
※2　再生製品は、再生材料以外のフィルム・シート類、棒杭、パイプなどの製品を指す
資料：環境省「廃プラスチックのリサイクル等に関する国内及び国外の状況について」2020年06月05日付報道発表資料より作成

私たちが毎日食べるものは、誰かが作ったり、運んだり、いろいろな人の仕事によって食卓に届きます。その時、どんなことに気づきますか？　食べものはだいたい何か包装・容器に入っていませんか？　しかも、軽くて便利な素材であるプラスチック製の容器が多いですね。

軽くて便利なだけでなく、形や鮮度を長く保つためにプラスチックはとても有効です。でも、最近はプラスチックごみが増えすぎたため、どこでも減らす努力をするようになりました。もしプラスチックがなくなったら、私たちの生活はどう変わるでしょうか。便利さや手軽さがなくなってしまわないか心配かもしれませんが、いろいろな解決方法が今、考えられています。

探究に役立つ関連キーワード

プラスチック、脱プラ生活、3R、循環型社会、石油製品

プラスチックの使用量を減らすためにできること

今、プラスチックごみが増えていることが世界的に問題になっています。輸送で傷つかないように商品を包んだり、食品を入れたりする容器のほとんどが、使い捨てのプラスチックで、使用後はごみになってしまいます。便利な生活と引き換えに、私たちの周りではプラスチックごみが増え続け、家庭や事業者から出るごみの一部は川から海に流れ出て海洋プラスチックごみになり、回収できない状態となっています。海洋プラスチックの重量は、2050年までに魚の重量を超えるとの試算もあります。

でもいまだに私たちの食生活は、さまざまな場面でプラスチック製品に支えられています。食品の多くはビニール袋やペットボトル、発泡トレイなどのプラスチック容器に入って売られています。昔はガラス製や紙製のものが多かったのですが、軽くて手軽なため、プラスチック製品が広まりました。

また、食品や飲料を保存・運搬するためだけでなく、農産物を栽培する時にもプラスチックはたくさん使われています（❶）。たとえば、野菜を寒さから守るためのビニールハウス、除草などのために土にかぶせるマルチ、育苗ポットなどはプラスチック製品です。ほかにも、水田用の肥料をプラスチックの膜で覆うことで時間が経っても効果を発揮できるようにする「被覆肥料」から出るプラスチック殻が、河川や海に流出することが問題になっています。

そのため、プラスチックの使用量を減らした容器や、土や海に還る成分で作られた「生分解性プラスチック」の開発と利用が進んでいます。マイボトルやマイ食器を持ち歩いたり、詰め替えや量り売りのものを選んだりして、プラスチックごみを減らすこともできます。メーカーや業界団体に消費者からの声を伝えることも重要です。

調べてみよう

- □ **毎日使うものの中で、プラスチック製品はどのくらいあるだろうか。**
- □ **日本でプラスチックごみが増えたのはいつ頃で、増える前は何が使われていたのだろうか。**
- □ **プラスチックごみを減らすために私たちがするべきことは何だろうか。**

解説1 私たちの暮らしとプラスチックごみ問題

プラスチックごみの問題は近年深刻化し、一般市民の関心も高まり、また政府・国際機関も様々な取り組みを行なうようになってきた。SDGsの目標12「つくる責任 つかう責任」には廃棄物の発生抑制について、目標14「海の豊かさを守ろう」には海洋ごみによる汚染防止について記されている。また、2018年6月にG7（主要7カ国首脳会議）で「海洋プラスチック憲章」が採択され（日本は署名せず)、2019年の大阪G20(主要20カ国による「金融・世界経済に関する首脳会合」)では、海洋プラスチックごみによる新たな汚染を2050年までにゼロにすることを目指す「大阪ブルー・オーシャン・ビジョン」に合意するなど、海洋プラスチックごみ削減への動きが盛んである。

日本では2022年4月から「プラスチック新法（正式名称：プラスチックに係る資源循環の促進等に関する法律)」が施行され、プラスチック製品の設計から排出・回収・リサイクルに至るまで、プラスチックのライフサイクル全般について各主体が取り組むことが求められている。この新法では、「そもそもごみを出さないよう設計する」というサーキュラーエコノミー（循環経済）の考えが取り入れられている（❸)。これは3R（リデュース・リユース・リサイクル）を基本原則としているのに加え、「リニューアブル（再生可能)」を掲げているのが特徴である。

消費者に対しては、環境に配慮した製品を選ぶことや、ワンウェイ（使い捨て）の製品の使用をできるだけ控えること、分別・回収の取り組みに積極的に参加すること、などを家庭だけでなく職場などあらゆる場面で取り組むことを求めている。もし環境に配慮した製品が身近にない場合は、メーカーや店舗に要望することも消費者の役割だろう。

プラスチック製品は軽さや保存性、耐久性などの優れた点が多く、私たちの生活にはなくてはならないものとなっている。そのため、「脱プラ」を徹底することは難しいが、どの場面、どの製品ならば使用を減らすことができるか、生活の中で見直してみてほしい。木製や紙製に置き換えられるものもある。近くで採れた食べものであれば、新聞紙などで簡易に包装して運搬することもできる。最近では調味料や洗剤などの量り売りができる店や、液体ではなく固形シャンプーを売るメーカーなどが出てきている。しかも、ファッショナブルで人気も上々だ。

「脱プラスチックで不便になる」と思うのではなく、新しいライフスタイルを創造し、楽しむことが次世代の豊かさとして注目されるような、新たな動きが始まっている。

❸サーキュラーエコノミーとは

もっと学ぶための参考文献・資料

●高田秀重 監修（2019）『プラスチックの現実と未来へのアイデア』東京書籍
● BS1 スペシャル取材班・堅達京子 著（2020）『脱プラスチックへの挑戦』山と渓谷社
●農林水産省（2022）「農業分野から排出されるプラスチックをめぐる情勢」
https://www.maff.go.jp/j/seisan/pura-jun/attach/pdf/index-35.pdf

解説2 農業とプラスチック

農業分野では、ハウスやトンネルの被覆資材、マルチや育苗ポットなどで多くのプラスチック製品が使われており（❹）、廃プラスチックの排出量は年間約 11 万 t、国全体の総排出量の約 1% を占めている。

近年の脱炭素化、脱プラスチックの動きにともない、農業分野でも廃プラスチックの発生抑制と適正処理、生分解性プラスチックなどの新たな素材の研究に取り組むよう、農林水産省が呼びかけ、関連の諸団体によって、各種の取組宣言が発表されている。肥料成分をプラスチックで加工した被覆肥料は、時間が経っても肥料の効果を得られるようにしたり、無駄な肥料を減らしたりするなどの利便性が評価されている一方で、成分が出た後の被膜殻が水田から河川や海に流出することが問題となっており、これを防止するための啓発活動や代替品の研究開発が行なわれている。

廃プラスチックの排出事業者である農業者は、経営規模が小さく、全国各地に分散立地しているため、個別の適正処理は困難であることから、関連の行政機関や農業団体が仕組みの整備や情報提供を行なうなどの方針を表明して支援している。

脱炭素社会に貢献する方向性を示した、農水省の「みどりの食料システム戦略」（144 ページ参照）では、資材・エネルギー調達における脱炭素化・環境負荷軽減の推進が掲げられており、この戦略のもとで、プラスチックの利用量を削減することが期待されている。

微細なプラスチック（マイクロプラスチック）が河川や海洋に流出することで生態系や人体に影響を与えることや、容器包装資材に使うプラスチックの生成時に使用される化学物質の有害性なども、公衆の健康を保護するためには注視する必要がある。農薬や化学肥料の問題とも同様に、プラスチックに関連する懸念点を明らかにする必要がある。

❹農業分野でも被覆資材などにプラスチック製品は欠かせない

SDGs達成に向けた日本政府の取り組み

執筆：三輪敦子

◎ SDGsを推進するための枠組み

2015年に国連で「持続可能な開発目標」(SDGs)が採択された後、日本政府は、SDGs実施の司令塔として2016年に「SDGs推進本部」を設置しました。全閣僚を構成員とし、首相が本部長を務めます。同時に、さまざまな関係者(ステークホルダー)と協力してSDGsを達成するために、「SDGs推進円卓会議」を設置しました。円卓会議は、市民社会組織、学術機関・研究者、経済団体、労働組合、国際機関、消費者団体、ユース団体などの15名と関係府省庁の担当者で構成されています。また、円卓会議のもとに「環境」「教育」「広報」「進捗管理・モニタリング」の4つの分科会が設置されています(2022年8月時点)。

❶ 2021年12月発行の「SDGsアクションプラン2022」(SDGs推進本部)

SDGsに関する日本政府の最上位政策が「実施指針」です。また、毎年、「アクションプラン」が策定されます(❶)。

◎実施指針の策定と改定

2016年に最初の実施指針が決定された後、2019年に改定されました。「5つのP」と呼ばれるSDGsを構成する基本的要素、すなわち「人間(People)」「地球(Planet)」「繁栄(Prosperity)」「平和(Peace)」「パートナーシップ(Partnership)」に対応する形で8つの優先課題が設定されています。2019年改定時には、改定案に対するパブリックコメントが実施され、優先課題の1番目に「ジェンダー平等の実現」が加わりました。パブリックコメントが具体的な変化につながった貴重な事例です。2023年には次回の実施指針改定が予定されています。SDGsを達成するための様々な課題の解決に具体的かつ実質的に貢献する実施指針が必要です。

◎アクションプランと農業

実施指針の各優先課題に関する具体的な施策をまとめたのが、毎年、公表されるアクションプランです。各省庁の施策がまとめられていますが、実施のための予算や到達目標が明記されていない施策が多いという難点があります。各施策のゴール横断性は示されるようになってきましたが、関連する施策が生み出す相乗効果（シナジー）については整理されていません。2030年に向けて、改善が求められます。

農業関連では、中山間地農業ルネッサンス事業、強い農業づくり総合支援交付金、集落営農活性化プロジェクト促進事業などが記載されています。

◎「続かない未来」を「続く未来」に変革するために

SDGsには、各国が自発的にSDGsの進捗状況を検証する「自発的国家レビュー(VNR)」というメカニズムがあり、日本は2017年と2021年に実施し、国連本部で毎年7月に開催される「ハイレベル政治フォーラム(HLPF)」で発表しました。2021年にVNRを発表した際には、市民社会組織の代表も登壇し、貧困・格差、障害、ジェンダー平等及び「性と生殖に関する健康と権利」に関する日本の課題を発信しました。

「続かない未来」を「続く未来」に変革するために、環境、社会、経済に統合的にアプローチして世界を変えるための目標がSDGsです。そのためには、目標17にあるように、多様なステークホルダーが協力する必要があります。同時に、SDGsは国連総会で各国政府が合意した目標であり、その観点からは政府の責任感とリーダーシップが不可欠です。

気候危機が食と農林水産業の持続性を著しく損ないつつあります。ウクライナ危機が一層の食料危機に結びつくことも懸念されています。農業従事者(farmers)は国連がSDGsを策定する過程で重要な役割を果たした「メジャーグループと他のステークホルダー(MGoS)」と呼ばれる13のグループの一つを構成していますが、残念ながら、日本の改定版実施指針に記載されているステークホルダーには含まれていません。食と農林水産業の問題が十分に反映されているとは言えない状況です。

人間の命を支え、つなぐ食が安全であること、すべての人に保障されることはSDGs、そして人権の観点から決定的に重要です。そのためにも、環境の課題を踏まえて農林水産業の持続性を創出することが求められており、日本政府のSDGs実施体制のなかに食と農の課題を主流化させる必要があります。

地方自治体がSDGsに向けてしていること

執筆：重藤さわ子

◎地方創生に不可欠なSDGs

地方自治体（以下、自治体）は、少子高齢化や人口減少、地球温暖化により頻発化・激甚化している自然災害、農地や森林などの荒廃、経済の衰退、コミュニティ機能の低下、さらには維持継続の困難など、地域の持続可能性を脅かすさまざまな課題に直面しています。日本政府でも、そのような課題に一体となって取り組み、地域がそれぞれの特徴を活かした自律的で持続的な社会を創生できるよう、2014年から「地方創生（まち・ひと・しごと創生）政策」に取り組んできました。

そして、国連の動きに対応して、2016年に日本政府がSDGsを重要政策課題とすると、自治体の地方創生を実現する行政ツールとしても位置付けられ、自治体ではSDGsを推進するための事業が展開されています。なぜSDGsが地方創生を実現する行政ツールとなるのでしょうか。

SDGsの特徴の一つは、環境・経済・社会は不可分かつ統合的に取り組むことが

❶西粟倉村の「百年の森林」構想

西粟倉の森林の100年

50年生を迎える現在の西粟倉村の森林

私たちが目指すのは、これから50年後の森林。

西粟倉村 百年の森林 構想

1年

25年

50年

75年

100年

元々林業で成り立っていたこの地で、約50年前に、子や孫のためにと、苗木を植えた。

植林した苗木がすくすくと育っていきます。密集した木々は、上へ上へとその長さを伸ばしていきます。

ある程度成長した木々の間伐を行い、地面に日光が届くよう、森の密度を調整していきます。

木々の幹も太くなり根もはり、保水林となり、下草なども生えてきます。少しずつ鳥も棲み始めます。

しっかりと山に根ざし、水の通り道として川も自然につくられます。山の動物たちのすみかとしても利用されています。

画像提供：岡山県西粟倉村役場

重要だとしていることです。日本は戦後の貧しい時代から、驚異的な努力で復興と経済成長を成し遂げ、都市から農村まで、電気や道路などのインフラが整い、快適で便利な生活ができるようになりました。しかし、経済的・物質的豊かさを優先的に追い求めるなかで、地域で心豊かで健やかな「くらし」を紡いでいくために不可欠な、自然資源や歴史、文化・伝統、人と人とのつながりなどが失われており、そのことが、いま多くの自治体が直面している問題にもつながっています。

そのため、地方自治体も世界共通の指標であるSDGsを活用し、「環境・経済・社会の統合的な施策推進」をすることで、地域の課題解決そして地方創生の達成につながるものとして、日本政府も自治体もSDGsを積極的に推進しています。

◎自治体にとってのSDGs――それぞれの地域の文脈

岡山県にある、人口1300人規模と小さい自治体である西粟倉村の事例を見てみましょう。西粟倉村は、他の自治体との合併の岐路にあった2008年、合併をせず自主自立の村づくりを目指すことを決意しました。そして、そのためには、村の約93%を占める森林のうち84%もある人工林を活用することで、50年先の2058年に、「百年の森林(もり)に囲まれた上質な田舎」を実現するべく、村ぐるみで挑戦を続けていくことを宣言したのです(❶)。そして、林業・木材加工事業の振興のみならず、森を整備することでさらに豊かになる水資源を用いた水力発電や、太陽光発電施設の設置などで、多くのエネルギー収入も得られるようなりました。

さらなる地域内での事業展開を考え、地域内外にどう働きかけようか考えていた2017年、SDGsに出会います。「村の取り組みを端的に表せるのがSDGsだ」という気づきから、2019年には「SDGs未来都市(内閣府)」にも認定され、村の新しいキャッチコピー「生きるを楽しむ」も誕生しました。

2022年には長く取り組んできた再生可能エネルギー事業を主軸に、2050年にゼロカーボンを目指す「脱炭素先行地域(第1回、環境省)」にも選定されています。

国連食糧農業機関(FAO)は、環境の変化にも適応しながら、伝統的な農業や文化、土地景観の保全と持続的な利用を図る、世界的に重要な地域を「世界農業遺産」(142ページ参照)として認定していますが、地域の環境・経済・社会の統合的施策推進の象徴としてそれを位置付け、SDGsに取り組んでいる地域もあります。

SDGsは世界共通の持続可能な開発目標ですが、地域では、さまざまな地域固有のSDGs課題があり、それぞれの文脈でSDGsに取り組んでいます。

パーム油産業と生物多様性の保全 ——企業として「つくる責任」を果たすために

執筆：廣岡竜也

◎パーム油を使うのをやめるだけでは環境破壊は止まらない

1952 年に創業したサラヤは消毒液や洗剤などの衛生用品のメーカーです。緑色の石けん液「シャボネット」は日本初の薬用せっけん液として、現在でも全国の学校や職場の洗面所などで広くご愛用いただいています。そして 1960 年代から 70 年代にかけて公害問題が社会の関心を集め、石油系合成洗剤の排水による河川の汚染が社会問題になるなかで、無香料・無着色で植物由来の「ヤシノミ洗剤」を 1971 年に発売、さらに省資源とプラスチックゴミの減量に着目し、台所用洗剤で日本初となる詰め替えパックを発売するなどの取り組みから、環境と手肌にやさしい商品として支持され、サラヤを代表するロングセラー商品となりました。

このサラヤの環境思想の代名詞であり、看板商品である「ヤシノミ洗剤」が思わぬ批判にさらされたのは 2004 年に放映されたテレビ番組がきっかけでした。その内容は「ヤシノミ洗剤」を含めて多くの植物系洗剤が使用している原料の一つであるパーム油の生産のために、ボルネオ島の熱帯雨林が切り拓かれてアブラヤシ農園がつくられ、森にすむ野生の象が棲む場所を追われているというショッキングなものでした。

パーム油の用途は生活全般にわたっており、食用が 85％、工業用は 15％、世界規模で使用されるなか、決して大きな企業ではないサラヤの使用する量は全体から見ればごくわずかにすぎません。ただ、パーム油利用企業の多くが取材を断るなかで、創業から環境配慮を意識してきた企業として、あえて問題を正面から受け止める決意をしてインタビューを受けました。

❶野生動物にとって生存の鍵となる大切な場所である川岸まで、アブラヤシ農園が拡大している。農園の拡大によって分断された森をつなぐことで、野生動物の生息域を確保していく

結果として、多くの視聴者が「ボルネオの環境破壊はサラヤが原因」と誤解したのです。お客様センターには「『環境にやさしく人にやさしい商品』と信じて

買っていたのに、信頼をうらぎられた」などと厳しい批判の声が寄せられました。

ここでサラヤには、パーム油を使うのをやめてほかの植物原料に変えるという選択肢もありました。しかしそれではサラヤが撤退するだけで、パーム油生産と熱帯雨林の問題は改善しません。パーム油は面積当たりの生産効率のよい植物のため、ほかの植物に変えるとさらに環境破壊が進む。また、貧しい国々にとっては食料であり、生産国にとっては重要な産業となっていたからです。

◎洗剤等の売り上げの1%を「緑の回廊計画」の活動資金に

そこでサラヤとしては、環境を守りながら、パーム油を使い続けていく道を模索しました。私たちは「ヤシノミ洗剤」を商品化するにあたって、家庭排水やごみ問題は意識していたものの、原料調達は商社まかせで、まったく現地の実態を知りませんでした。もっと川上の問題にまで目を向け、パーム油の購入企業としての発言権を活かして生産現場へ改善のリクエストをする。そのため2005年1月、当社は日本に籍をおく企業として初めて「持続可能なパーム油のための円卓会議（RSPO）」に加盟しました。この団体は、生産者や企業、商社や環境団体など、パーム油に関わる様々な立場の人々が集まり、環境や人権に配慮した持続可能なパーム油生産を目指していました。

持続可能なパーム油の調達を目指す一方、何度も産地のボルネオ島に出向き、傷ついた動植物の救出活動を続けてきましたが、根本的な解決のためには、象やオランウータンなどの希少な野生動物の生活圏と、アブラヤシ農園を切り分けることが必要であることに気づきました。そこで、マレーシアのサバ州政府の協力を得て環境NGOである「ボルネオ保全トラスト（BCT）」を立ち上げ、キナバタンガン川沿岸の開墾地を買い戻して、モザイク状にわずかに残った森をつなぐ「緑の回廊計画」をスタートしました。この計画には、ヤシノミ洗剤や関連商品の売り上げの1％が活動資金としてあてられています。

パーム油は生活の広い分野で使われていますが、まだまだ「見えない原料」になっています。その生産現場にかかわり、RSPO認証を含めてより健全に生産された原料を使った商品を開発し、多くの人に選んでもらえるようにすること、そういった方向に消費者の行動を変えていく責任が私たちにはあると思っています。

❷野生動物の救出プロジェクト「ボルネオ・エレファント・サンクチュアリ（BES）」の象。アブラヤシ農園の拡大により、生息地を追われ傷ついた野生のボルネオ象やオランウータンを救出し森へ返す試みを実施している

農業協同組合がSDGsに向けてしていること

執筆：宇田篤弘

◎紀ノ川農業協同組合の成り立ち

ふだんの生活では、「協同組合」という言葉は聞いたり、使ったりはしないのではないでしょうか。身近なところでは、生活協同組合（生協、コープ）があります。全国に560の生協があり、組合員数は約3000万人です（2021年度）。

また、農業協同組合（農協、JA）は、全国で1584農協があり、うち農産物販売と金融や共済事業を行なう総合農協は585農協、販売だけ行なうような専門農協は516農協あり、総組合員は1100万人です（2021年度）。

紀ノ川農業協同組合（以下、紀ノ川農協）は、和歌山県全域を地区とした販売専門農協です。金融・共済事業は行なっていません。1970年代にみかんの過剰生産や果物の輸入自由化によって和歌山県の特産のみかんの価格が大暴落し、生産削減が行なわれました。同じ頃、安全・安心な食べものを求める消費者が各地で設立した生協に出荷するために、紀ノ川農協の前身の那賀町農民組合が1976年に結成され、みかんの生協産直（産地直結）が始まりました。生協の急速な事業規模の拡大に合わせて組合員と品目が増え、1983年に現在の紀ノ川農協が設立されました。

◎生協産直の3原則を大切にした事業展開

紀ノ川農協は、県内の組合員が生産するトマトやタマネギ、みかん、柿、キウイフルーツなどを、北海道から沖縄まで全国の生協に産直で販売しています。生協産直の三原則は、①生産者が明確、②栽培方法が明確、③生産者と消費者の交流ができることです。紀ノ川農協はこれらを発展させ、以下のことに取り組んでいます。

①生産者が明確なだけでなく担い手を育成している
②栽培方法が明確で安心・安全だけでなく環境保全型で持続可能な農業を行なう
③生産者と消費者の交流だけでなく、消費者が産地の地域住民とも交流ができる

産直事業の持続的発展をめざして、2016年からは「地域の協同を大切にして、自然と共生し、平和で豊かな“持続可能な社会”と農家の経営安定、暮らしの向上をめざす」ことを理念にかかげました。理念の具体化のために、3つの委員会のもとで3つの取り組みを行なっています(❶)。

❶持続可能な社会にむけた紀ノ川農協の取り組み

委員会	取り組み
生産力向上委員会	生産力向上や新規就農・担い手づくりを推進する
環境保全型農業推進委員会	有機農業や環境保全型農業、GAP(※)を推進する
交流委員会	交流と地域づくりを推進する

(※)GAP　安全・安心な農産物の生産だけでなく、環境への配慮、農場で働く人の健康や安全への配慮に関する農産物の品質認証システム

◎みんなが幸せになる地域づくりの実現

生命を大切にし、自然生態系への負荷を小さくし、安全・安心で質の高い農産物を生み出す取り組みが評価され、2009年度には第15回環境保全型農業推進コンクールで農林水産大臣賞を受賞しました。

消費者と産地の交流は、持続可能な農業・農村を実現するために、地域づくり・担い手づくりの活動と一体的に取り組んでいます。農業の多面的機能（洪水を防ぐなど）を発揮するために、個々の田畑を守るだけでなく、同じ水系の集落が協力して取り組むことが大切です。和歌山県には1597の集落があり、住民は農地や森林、ため池、河川、農業用水路などの地域資源を共同で保全しています。

古座川流域では、農事組合法人古座川ゆず平井の里や区長会などによる「七川ふるさとづくり協議会」の過疎対策事業が2016年から始まり、リフォームした空家でのお試し居住、買い物支援バスの運行、クマノザクラの植樹、協議会事務所・拠点づくりをしました。また、流域の森林組合や漁業組合、観光協会、道の駅、紀ノ川農協などが参加して流域連携プラットフォームを2020年に設立しました。七川ふるさとづくり協議会は、暮らしの仕組みづくり、コミュニティづくりを、古座川流域連携プラットフォームは、古座川流域の事業者による生業づくり、地域でお金が循環する仕組みづくりをしています。

地域づくりとは、「みんなが幸せになること、誰一人不幸にしないこと（内山節さん）」です。

ライフスタイルとしての SDGs

執筆：小川美農里

◎社会貢献を 20 歳の目標に

私は福島県の山都町（やまとまち）という自然が豊かな場所で幼少期を過ごしましたが、高校からは三重県にある全寮制で有機農業を実践する高校で学びました。

そこで国内外の社会問題について知り、10 代の頃から海外ボランティア活動に積極的に参加し、20 歳のときに立てた目標は「世界平和と環境保全に貢献する！」でした。職業として看護師・保健師を選択したのは、「医療なら人にも感謝されながら、世界中の人と関われるのではないか」と考えたからでした。

❶ヨルダンにある国連パレスチナ難民キャンプ内のクリニックでボランティアをしていた頃。医療スタッフたちと（22 歳）

実際に病院の現場で働いてみると（❶）、病気になってから症状を薬で抑えたり、手術を何度もしたりするような対症療法的な現代西洋医学に疑問を持ち、伝統医学や、社会が人々の健康に寄与できるような仕組み作りなども含めたホリスティック（いのちまるごと）な健康をもっと広めたいと考えるようになりました。

◎福島県西会津町で、ダーナビレッジを立ち上げる

また、東日本大震災をきっかけとして、ますます自然環境の大切さや、人間が不安からお金儲けのことだけを考えなくて良いような社会の仕組み作りや、こころのあり方などに関心を持つようになり、南インドにある「世界最大のエコビレッジ」と称される環境実験都市オーロヴィルで色々と学んだ後に、現在の居住地でもある福島県西会津町で、ダーナビレッジを立ち上げました。

ダーナビレッジは「すべてのいのちが輝く社会づくり」を大きなミッションとしながら、来られる方の「自分らしさを取り戻す」お手伝いをしている、農的な暮らしを共有するコミュニティです。

❷「医食同源（Food is Medicine）」をモットーに、エシカルな食事を摂る

自給自足ができるように、お米や野菜、穀物を自分たちで、農薬や化学肥料に頼らずに地域に循環する資源（桜の落ち葉や米ぬかなど）を用いながら栽培し、水や空気をできるだけ汚さないように暮らしています。また、食事はできるだけエシカルな（倫理的に配慮された）植物性のものをいただいています（❷）。

◎世界につながりを取り戻すために

❸ダーナビレッジにて

ダーナビレッジには、生き方を模索している方、うつで休職中の方、持続可能な暮らしを実践したい方など、多様な人たちが世界中から集まってきます（❸）。活動を通して改めて、日本で足りないもの、そして世界をより良くする重要な鍵を握っているのが、「つながりを取り戻す」ことだと気がつきました。世界中でいま起こっている分断――自然からの分断、自分自身との分断、他者との分断――がありますが、本来、私たちは土から生まれて土に還っていく大きな循環の中で生かされている存在です。それがわかると、自他を傷つけたり、不要な存在だと思ったりすることがなくなります。自然と調和的な暮らしをしながら自分らしく生きることは、自ずと他のいのちを豊かにすることになります。

今は、子どもが五感をフルに使って自然の中で創造力豊かな体験ができるような場作りをしています。ボランティア滞在もできますので、ぜひお越しください！

試してみよう！

身の回りの野草で食べられるものはあるかな？すべての生物で、生きるのにお金を払って食べものを得ているのは人間だけです。自然がすでに与えてくれているギフトを探してみよう！

ベランダで固定種の種をまいて、種採りに挑戦するのもいいですね。美味しい野菜がとれたら、その種で来年も芽が出てきますよ。

Theme 6

SDGs達成に家族農業が必要なわけ

貧困、飢餓、気候変動などの地球の問題を解決するカギが家族農業にあるってホント？

執筆：関根佳恵

❶農業の４つの生産性

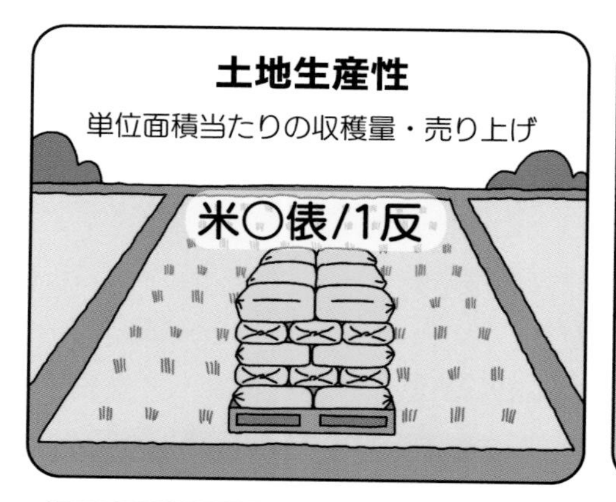

資料：関根佳恵（2022）「工業的スマート有機農業よりアグロエコロジーへの転換を」『季刊地域』48号、74ページより改変

国連食糧農業機関（FAO）は、家族農業が最も持続可能な農業であり、SDGsを達成するために家族農業をもっと支援する必要があると言っています。その背景には、農林漁業の生産性や効率性を測る指標が大きく変化したという事情があります。詳しく見ていきましょう。

探究に役立つ関連キーワード

家族農業、SDGs、エネルギー生産性、社会的生産性、工業的農業

なぜ家族農業はSDGs達成のカギなのか？

国連は、家族農業を「家族が経営する農業、林業、漁業・養殖業、牧畜であり、男女の家族労働力を主として用いて実施されるもの」と定義しています。つまり、雇用労働力（正規雇用、パート・アルバイト）ではなく、家族労働力が中心の比較的規模の小さな営みです。この労働力は、人数ではなく農林漁業のための労働時間で測ります。農業だけでなく、林業、漁業・養殖業、牧畜を含みますが、本書では国連が和訳として用いている「家族農業」と表記します。雇用労働力に依存する大規模な企業経営は利潤を最大化することを目指すのに対して、家族労働力を中心とする小規模な家族農業経営は利潤を最適化することを目指します。そのため、環境に負荷をかけすぎたり、短期的な利益を求めて参入や撤退を繰り返したりしにくいという特徴があります。

また、家族農業は世界の食料の8割以上を生産していますので、家族農業なくして飢餓の撲滅はできません（46ページ参照）。そして、世界の貧困人口の7割が農村に住み、そのほとんどが農業を営んでいますので、貧困削減のためにも家族農業を支援する必要があります。さらに、改良品種、農薬・化学肥料、農業機械などの近代的な技術に依存している農業を営む経営は、実は世界全体の2.3%しかありません。小規模な家族農業のほとんどは人や家畜の力で耕したり、運搬したりするエネルギー投入量の少ない農業なので、温室効果ガスを大量に排出することがなく、気候変動にもつながりにくいのです。

これまでは、農業経営を大規模化して、最先端の大型機械を使って農業をすることが望ましいと思われてきましたが、今、大きく価値観が変化しています。農業の生産性を測る指標として、従来の土地生産性や労働生産性だけでなく、エネルギー生産性と社会的生産性が重視されるようになったからです（❶）。

調べてみよう

- [ ] **みなさんの身の回りで「生産性」という言葉が使われるとき、何の生産性を指しているか調べてみよう。**
- [ ] **エネルギー生産性が高い農業の実践例を調べてみよう。それは、土地生産性、労働生産性、社会的生産性の観点からはどのように評価できるだろうか。**

解説1 工業的農業はなぜ問題なのか？

工業的農業とは、改良品種（ハイブリッド、遺伝子組み換えなど）、化学農薬・化学肥料、農業機械、灌漑などの近代的技術を用いる農業を指す。「緑の革命」と呼ばれるこれらの技術を用いて経営の合理化や効率化を徹底的に進め、経営規模の拡大や企業化、輸出などを目指す。工業生産のような計画性、均質性、定時定量出荷、コスト削減などを求め、「畑は工場である」と見なして、農業生産者や農業労働者、作物や家畜、土壌や地域資源、生態系も工場の部品ととらえる。集約的な畜産や植物工場だけでなく、企業と家族農業経営の間の契約農業などでも、こうした工業的な論理が持ち込まれてきた。

長年、「農業の工業化は非効率な農業を効率化し、農業所得を高め、後継者を確保できる」とされ、望ましい発展方向だと考えられてきた。しかし、実際には地力の低下による収量の低減、農薬に耐性を持つ雑草、昆虫、細菌などの増加による農薬・抗生物質の使用量増加という悪循環、動物の福祉（アニマルウェルフェア）の悪化、環境汚染、農家・農業労働者の健康問題、食品安全問題、外部投入財への依存による経営の不安定化と所得の減少、後継者難と高齢化、農村の過疎化と地域社会の衰退などが世界各地で起きた。

そのため、国連やEU、米国などでは、すでに工業的農業や緑の革命の技術に対する評価は変わり、10年以上前から工業的農業から脱却することの必要性が訴えられている。しかし、国連の2021年の報告書によると、現在でも世界全体の農業補助金額（年間5400億米ドル）の87%は工業的農業に対して支払われており、環境や人間の健康を損なっている。もしこの補助金が持続可能な農業の支援に振り向けられれば、国連のSDGsや生物多様性条約（❷）、パリ協定（❸）の目標実現に大きく近づくことになる。

❷環境省の「生物多様性条約」について解説したサイト

みんなで学ぶ、みんなで守る
生物多様性 Biodiversity
お問い合わせ | サイトマップ
環境省

生物多様性とは / わたしたちができること / みんなの取り組み

○ 生物多様性条約

生物多様性条約とは

生物多様性は人類の生存を支え、人類に様々な恵みをもたらすものです。生物に国境はなく、日本だけで生物多様性を保存しても十分ではありません。世界全体でこの問題に取り組むことが重要です。このため、1992年5月に「生物多様性条約」がつくられました。

この条約には、先進国の資金により開発途上国の取組を支援する資金援助の仕組みと、先進国の技術を開発途上国に提供する技術協力の仕組みがあり、経済的・技術的な理由から生物多様性の保全と持続可能な利用のための取組が十分でない開発途上国に対する支援が行われることになっています。

また、生物多様性に関する情報交換や調査研究を各国が協力して行うことになっています。

経緯

1992年5月 採択
1992年6月 国連環境開発会議（UNCED）で署名
1993年5月 日本が条約を締結
1993年12月 条約発効

条約の目的

1 生物の多様性の保全
2 生物多様性の構成要素の持続可能な利用
3 遺伝資源の利用から生ずる利益の公正で衡平な配分

締約国数

194カ国とEU・パレスチナ（米は未締結）

条約事務局

カナダ・モントリオール

生物多様性条約の本文
外務省-生物多様性条約のページ

生物多様性条約第8条（生息域内保全）及び第19条（バイオテクノロジーの取扱い及び利益の配分）第3項を受け、「バイオセーフティに関するカルタヘナ議定書」が締約国により採択されました。

日本版バイオセーフティクリアリングハウス（J-BCH）

資料：環境省「みんなで学ぶ・みんなで守る　生物多様性条約」
https://www.biodic.go.jp/biodiversity/about/treaty/about_treaty.html

❸パリ協定の概要

- ○世界共通の長期目標として2℃目標の設定。1.5℃に抑える努力を追求すること。
- ○主要排出国を含む全ての国が削減目標を5年ごとに提出・更新すること。
- ○全ての国が共通かつ柔軟な方法で実施状況を報告し、レビューを受けること。
- ○適応の長期目標の設定、各国の適応計画プロセスや行動の実施、適応報告書の提出と定期的更新。
- ○イノベーションの重要性の位置付け。
- ○5年ごとに世界全体としての実施状況を検討する仕組み（グローバル・ストックテイク）。
- ○先進国による資金の提供。これに加えて、途上国も自主的に資金を提供すること。
- ○二国間クレジット制度（JCM）も含めた市場メカニズムの活用。

資料：外務省「2020年以降の枠組み：パリ協定」
https://www.mofa.go.jp/mofaj/ic/ch/page1w_000119.html

もっと学ぶための参考文献・資料

●関根佳恵 著（2020）『13 歳からの食と農――家族農業が世界を変える』かもがわ出版
●小規模・家族農業ネットワーク・ジャパン 編（2019）『よくわかる国連「家族農業の 10 年」と「小農の権利宣言」』農文協

解説 2 生産性を測る指標が変化した

なぜ国際的に工業的農業からの脱却と家族農業への支援が訴えられるようになったのかを理解するには、農業の生産性の概念を再確認する必要がある。生産性とは、投入財 1 単位当たりにどのくらいの産出量をあげたかを測る概念だ。「1 反当たり何俵のコメを収穫したか」は「土地生産性」であり、「農作業 1 時間当たりいくら売り上げたか」は「労働生産性」だ（❶）。重要なのは、生産性は他にも「エネルギー生産性」や「社会的生産性」によって測られるという点だ。

工業的農業で主に追求されてきたのは労働生産性と土地生産性だった。しかし、労働生産性や土地生産性が高い工業的農業は、エネルギー生産性や社会的生産性で評価したら実は非常に非効率であることが分かってきた。

国連によると、20 世紀の間に世界の農地面積は 2 倍に拡大し、食料生産量は 6 倍に増え、農業分野のエネルギー消費量は 85 倍になった（❹）。つまり、農地面積当たりのエネルギー消費量は 42.5 倍になった。これは、化石燃料を用いる農業機械や温室栽培、化学農薬・化学肥料の普及などによるものである。

農業の社会的生産性とは、地域で農業が営まれることによって実現される国土保全、防災、生物多様性の維持、所得獲得機会（広義の雇用）の創出、地域社会の活性化、景観の維持、文化の伝承などの多面的機能を表している。地域から農業が失われれば、社会は多額の防災費や社会保障費を支払ったとしても、その機能を代替することは不可能だ。労働生産性を追求して省力化を進めれば、農家は減り、農村では過疎化と地域社会の衰退が進み、社会的生産性が損なわれる。

21 世紀において社会が農業に期待する役割は多様化しており、土地生産性や労働生産性だけで農業の生産性を評価することはもはやできない。エネルギー生産性や社会的生産性の面からも農業を評価し、望ましい農業のあり方を実現するために目指すべき目標（ゴール）は複数あること、目標間には時にトレードオフ（一得一失）の関係があることに気付く必要がある。省力化を一層進める技術（無人トラクターや収穫ロボット、除草機械など）は、労働生産性を向上するが、社会的生産性を損なう。また、人や役畜（農作業をする家畜）が行なう作業を機械が代替すれば、エネルギー生産性が低下する。私たちが採用する技術は、農業のどの「生産性」を向上し、どの「生産性」を損なうのか、慎重に見極める必要がある。

❹20世紀における農業の変化

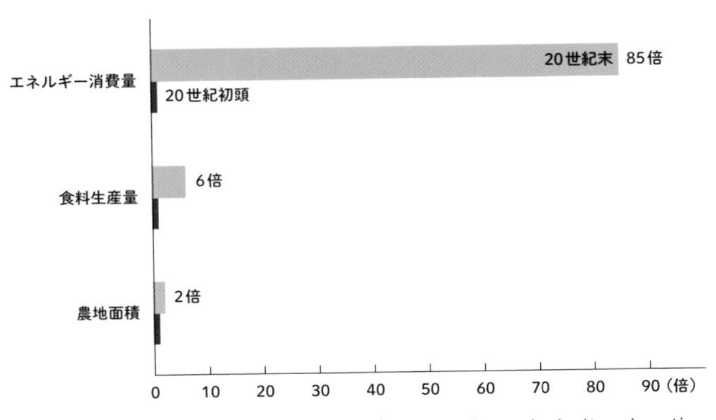

資料：FAO and IsDB (2019) Climate-Smart Agriculture in action : from concepts to investments. FAO and IsDB. より筆者作成

Theme 7

家族農業が世界の人々を養っている

世界と日本の農業生産は誰が支えているの？

執筆：岡崎衆史

❶世界の家族農業の姿

資料：FAO（2014）Family Farmers: Feeding the World, Caring for the Earth. Rome：FAO、FAO（2018）FAO's Work on Family Farming. Rome：FAO より作成

世界の農場数の 90%以上が家族農場である

家族農業は世界の農地の 70 ～ 80%を耕している

世界の食料の 80%以上を家族農業が供給している

世界と日本の農業生産を支えているのは、企業などによる工業的農業ではなく、家族農業です。世界の農場数の 90% 以上に当たる 5 億以上が家族農場で、25 億人が従事、世界最大の雇用を支えています（❶）。家族農業は、地域によってその規模、作目、家族の関わり方などが大きく異なります。多様な家族農業が農業の圧倒的多数を占めるのは途上国だけではなく、アメリカ、ヨーロッパ、日本などでも同様です。気候危機、コロナ危機、ウクライナ危機が食料の安定供給を脅かす中、家族農業は生物多様性を守り、限りある資源を効率よく用いて生産するため、持続可能な形で食料を供給する農業生産の担い手として期待されています。

探究に役立つ関連キーワード

アグロフォレストリー、アグリビジネス、農業経営体、地域支援型農業（CSA）、農業生産額

家族農業が世界の人に食料を供給

家族農業は英語の「family farming」の訳語です。この中には、農業だけでなく、林業や漁業、牧畜、狩猟採集など多様で幅広い食料生産が含まれます。

漁業に関して言えば、漁業を営む1.4億人のうち、90%以上が小規模な家族経営の漁業者で、この人たちが、人間が消費する魚介類の60%以上を供給しています。畜産では、2～5億人と推計される牧畜家が、地表全体の3分の1で遊牧などをしながら生活しています。その多くは、砂漠などの過酷な環境で食料を供給するという重要な役割を果たしています。家族農業には森林やサバンナで暮らす人々が含まれます。極度の貧困状態にある農村生活者の約40%がこうした場所で暮らしています。家族農業経営が実践する林業と農業を組み合わせた「アグロフォレストリー」は、持続可能な自然資源の管理システムとして評価されています。

家族農業は現在だけでなく、将来にわたって食料供給を担う持続可能な農業の担い手として注目されています。国際NGOのETCグループは2017年に報告書を出し、❷のような分析をしています。

❷家族農業と工業的農業の違い

	農民による家族農業	アグリビジネスによる工業的農業
農地利用	25%未満	75%以上
農業用化石燃料の利用	約10%	90%以上
農業用水の利用	20%未満	80%以上
結果としての世界の食料生産	70%以上（効率良い！）	30%未満

資料：ETC Group (2017) Who Will Feed Us?, ETC Group. より筆者作成

世界銀行が主導し、世界の多数の科学者が参加した「開発のための農業科学技術の国際的評価（IAASTD）」は2008年の報告書「岐路に立つ農業」で、工業的農業生産が引き起こす土壌劣化や資源浪費の持続不可能性を指摘し、小規模農業によるアグロエコロジーが、環境保全や社会の公正さを前進させながら、飢餓や貧困を根絶していくとの見方を示しています。

調べてみよう

- □ あなたの周りにある農家で、家族農業を営む人たちはどれくらいいるでしょうか。
- □ 工業的農業生産はどのようなことが問題となるのでしょうか。

多様な家族農業の実態の把握を

家族農業は、国土や農地の広さ、気候や天候、経済や貿易、普及している技術、文化や家族関係などで大きく異なり、国や地域によって、規模や作目、従事の仕方などに関して多様な形態が存在する。

規模に関して言えば、アジアやアフリカでは1ha未満の経営体の数が全体に占める割合が高く、5～9割に上る（❸）。アフリカではトウモロコシ、キャッサバ、ミレット（キビ、アワなど雑穀の総称）、米、イモ類、豆類など、国内で食べる多様な作物を家族農業が生産する。稲作が中心のアジアでは、35億人が日々のカロリーの20%以上を米に頼り、10億人以上が米生産で生計を立てている。

❸世界81カ国の経営規模の多様性

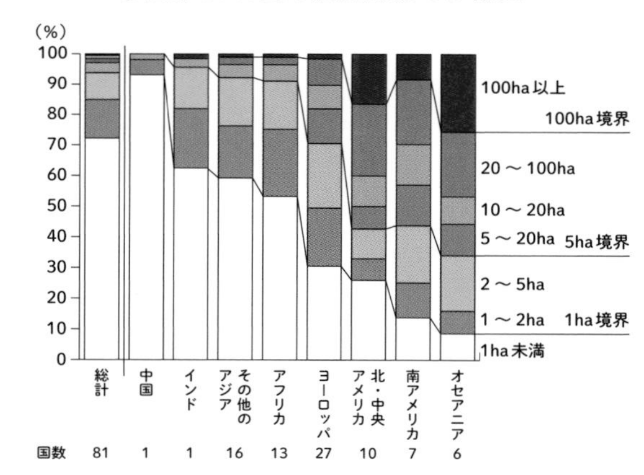

資料：国連世界食料保障委員会専門家ハイレベル・パネル 著（2014）『家族農業が世界の未来を拓く』農文協、50ページより作成

日本では、122万の農業経営体があるが、そのうち118.5万（97%）が家族経営である（2018年）。経営規模でみると、1ha未満の経営体の数が全体に占める割合は52.8%、5ha未満は91.1%になる。平均規模は2.98haと、欧米などと比べると小さいが、雨が多く温暖なため、水田稲作で高い土地生産性を誇っている。

一方、アメリカ大陸やオセアニアでは、5ha未満の農業経営が全体の経営体数に占める割合は1～2割程度に過ぎない。とはいえ、工業化・大規模化の著しいアメリカの農業でも、家族経営は全体の98%、農業生産額全体の87%を占める（2020年）。アメリカで小規模農家と言えば、GCFI（農畜産物販売額＋政府支払い＋農業関連収入）が年間35万ドル未満の経営体を指すが、全農家の89%を占め、耕作する農地は全体の48%を占める。

欧州連合（EU）には、1050万戸の農家があり、そのうち95.2%が家族経営である（2016年）。家族農業による経営では、利用可能な農地の62.3%を耕している。ヨーロッパの農家の経営規模はアジア・アフリカと、アメリカ・オセアニアの中間にあたる。

食料生産で要となる役割を果たしている家族農業だが、全体像が把握されているとは言えない。多くの途上国では予算不足や行政の人員体制の問題から十分な統計がとれないからだ。自給、物々交換、贈与などのために、小規模な農家の生産が統計上で把握されていない問題もある。また近年重視されている家庭菜園、ベランダ菜園、シティファーマー（都市農業）など「耕す市民」の存在も十分には把握されていない。そのため、小規模・家族農業が果たす役割は、統計データ以上に重要性があると指摘されている。

もっと学ぶための参考文献・資料

●関根佳恵 著（2020）『13歳からの食と農―― 家族農業が世界を変える』かもがわ出版
●関根佳恵 監修・著（2021-2022）『家族農業が世界を変える（全3巻）』かもがわ出版
●農民運動全国連合会 編著（2020）『国連家族農業10年』かもがわ出版

解説2 パンデミック、食料危機で発揮される家族農業の力

新型コロナウイルスのパンデミックやウクライナ危機で、サプライチェーンの途絶、食料生産の停滞が引き起こされ、食料を遠くの国に依存することの危険性が明らかになった。

家族農家は、コロナ危機によるロックダウンなどの移動制限で農産物を販売できないことや、時短営業などによる外食需要の減少や、学校の休校などによる給食の需要減、農産物価格の低迷などの影響で、所得が減るなどの深刻な影響を受けた。同時に、それでもなお、人々の食料のためのローカルな食料の供給システムを支えている家族農業の役割の重要性が浮き彫りになった。

産直提携運動の国際ネットワークURGENCI（ユージェンシー）は2021年4月7日、「CSA（※）は、新型コロナ時代において、工業的農業への安全で力強い対案である」と題する声明をだした。その中で、多くの人々が食料の長距離輸送モデルや外国人労働者に依存する大規模農業による食料生産モデルに疑問や不安を抱いており、これらの人々に、農家が産直を通じて食料を届けていることを紹介した。スペイン・バスク州では、コロナ対策の移動制限で人々が自由に動けない中、農民たちが一軒一軒訪ねて食料を届けたという。

国際NGOグレインの報告（2020年5月）によると、インドのタミルナドゥ州の小規模農家は、ツイッターを活用して100t近くのキャベツを販売し、それが先駆けになって、いまでは他の多くの農家がSNSを使って農産物を販売している。タイでは巨大スーパーマーケットやコンビニの発展によって、従来のような農家による野菜宅配がみられなくなっていたが、バンコクの卸売市場が小規模農家や商人にトラックを提供し、宅配が復活した。移動制限下の中国の北京では、大規模な経営は農産物の供給も農業労働力も不足したのに対し、小規模農家はファーマーズマーケット、他の生鮮食品市場、CSAなどで食料の供給を支え続けた。

日本では、輸入農産物が滞った時に食料生産を支えたのは、国内の家族農家だった。子ども・大人食堂、フードバンク、フードパントリーをはじめ、食料支援が各地で取り組まれたが、そこにも各地の家族農家から届けられた野菜や果物、畜産物が並んだ（❹）。

❹東京で開かれた食料支援には野菜や米、加工品など家族農家から多数の物資が寄せられた（2021年7月）

（※）CSA　地域支援型農業。生産者と消費者が連携し、前払いの農産物契約を通じて相互に支え合う仕組み。日本の「産直」「提携」にあたる。「地域に支えられる農業」と「農業が支える地域」という意味がある。95ページも参照

Theme 8

アグロエコロジーに向かう世界の農業政策

「農業は自然に優しい産業」と考えていませんか？

執筆：吉田太郎

❶実現性の高いシナリオ（解決策）を実行した場合の CO_2 削減量の比較（単位は GT＝ギガトン）

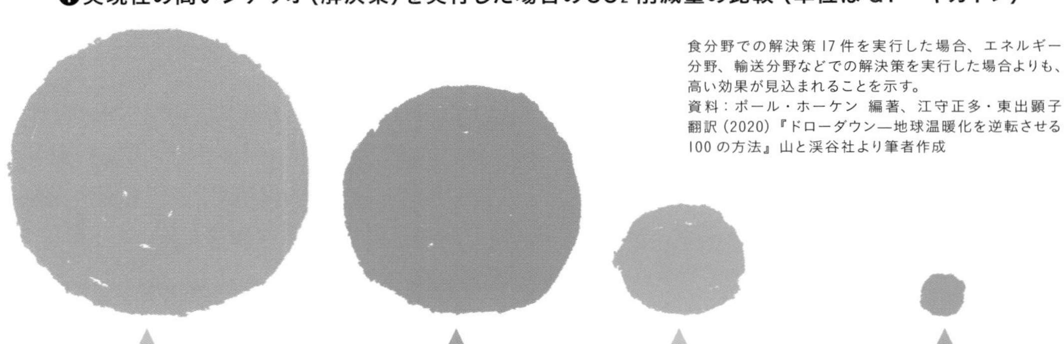

食分野での解決策 17 件を実行した場合、エネルギー分野、輸送分野などでの解決策を実行した場合よりも、高い効果が見込まれることを示す。
資料：ポール・ホーケン 編著、江守正多・東出顕子 翻訳（2020）『ドローダウン―地球温暖化を逆転させる100 の方法』山と渓谷社より筆者作成

食分野	エネルギー分野	資材分野	輸送分野
合計 **321.93** GT削減	合計 **246.13** GT削減	合計 **111.78** GT削減	合計 **45.78** GT削減
解決策 17 件	解決策 21 件	解決策 7 件	解決策 11 件
内訳：食料廃棄の削減 70.53GT、植物性食品を中心にした食生活 66.11GT、シルボパスチャー（林間放牧）31.19GT、環境再生型農業 23.15GT　など	内訳：風力発電（陸上）84.60GT、ソーラーファーム 36.90GT、屋上ソーラー 24.60GT、地熱 16.60GT　など	内訳：冷媒 89.74GT、代替セメント 6.69GT、家庭の節水 4.61GT、バイオプラスチック 4.30GT　など	内訳：電気自動車 10.80GT、船舶 7.87GT、大量輸送交通機関 6.57GT、トラック 6.18GT など

火力発電所や飛行機、自動車と比べて、田んぼや野菜畑は環境と調和しているように見えます。でも、二酸化炭素の排出量を調べてみると、私たちの日々の食生活やそれを支える農林漁業が、実は地球温暖化や生物多様性喪失の大きな原因であることがわかってきました。

今の地球は、6 度目の大絶滅期を迎えているとも言われます。今の暮らしを続けていけば、気候変動による災害や病害虫の増加、食料不足の発生は避けられません。ですが、それは「今の暮らしを続けていけば」という条件が付きます。逆に言えば、今の食生活や農業のやり方を変えれば、誰もが豊かに暮らせる別の未来も実現可能です。アグロエコロジーでは、このような社会のあり方を目指しています。

探究に役立つ関連キーワード

アグロエコロジー、食料主権、大地再生型有機農業（リジェネラティブオーガニック農業）、被覆植物（カバークロップ）、伝統的な農業の知恵や実践

アグロエコロジーとは、持続可能な農と食のあり方

「有機農業は安全で環境に優しいけれど、虫食いだらけで収穫量が少なくなるので人々を養えない」「だから、遺伝子組み換えなどのハイテクを駆使した農法の開発が必要だ」と言われます。ですが、化学肥料の原料になるカリウムやリン酸などの地下資源は有限で、掘り尽くせば枯渇します。窒素肥料や農薬、ドローンなどのハイテク機器の製造も有限な化石燃料に依存しています。

その一方で、今の地球上では多くの飢えている人々を尻目に、生産されている食料の３分の１が誰の口にも入らずに捨てられ、ゴミとして燃やされたり、埋め立てられたりして温暖化の原因になっています。

家畜は狭い畜舎やケージに閉じ込められ、本来の生態と異なる餌で無理に太らされ、抗生物質などで薬漬けにされています。このような集約的畜産は、家畜の糞尿やゲップによる温暖化や感染症蔓延（まんえん）の原因になっています。

なので、自然に優しくない今の農業のあり方を見直し、微生物や生物が本来持っている潜在的な力をさらに高め、農家と科学者がともに実験や研究をして有機農業の収量を高め、その農法を広めることが必要です。現代の不健康な食生活も見直し、地球を守る健全な農法で農家が生活できるように、食べ物の値段や表示の仕組みなども改善し、みんなで議論しながら社会を変えていくことは可能です。

これを「生態系に則した農業」という意味で「アグロエコロジー」と言います。近年、日本でも書籍などで紹介されるようになってきた概念です。アグロエコロジーは、生態系に則した農法に関する科学であり、その農法の実践であり、その実現のための社会運動です。持続可能な農と食のあり方といってもよいでしょう。

アグロエコロジーの実現に欠かせない概念に「食料主権」があります。自分が食べるものを自ら選ぶという、とても大切な権利のことです。国連人権理事会（UNHRC）は、アグロエコロジーと食料主権を実現できる社会への移行を呼びかけています。

調べてみよう

- □ **アグロエコロジーはどのような国々で進められているだろうか。**
- □ **「食料主権」を、食べること、農業の両面で考えてみよう。**

アグロエコロジーをめぐる日欧米の状況

国連食糧農業機関（FAO）は、アグロエコロジーを推進するために国際農民団体と2014年に連携の覚書を交わし、関連する国際会議や地域会議を開催している。2018年には「アグロエコロジーの10要素」を発表して、その概念を整理した。これをみれば分かるように、アグロエコロジーとは環境保全型の農法にとどまらず、循環経済や連帯経済、責任あるガバナンス（統治）など、社会のあり方そのものを示す概念として発展している。

欧州連合（EU）は、2019年に「欧州グリーンディール」という環境政策パッケージを示し、2020年には「農場から食卓までの戦略」（通称「F2F戦略」）という農業、食料、環境に関わる新たな政策を示した。同戦略は、2030年までに有機農業の取り組み面積を全農地の25%に拡大し、農薬を5割、化学肥料を2割以上削減するとしている。しかし環境に優しい農法への転換だけでなく、消費や流通の改革も視野に入れ、公共調達ルールの改定、農薬への課税、食品表示の見直しといった総合的な対策を通じて、アグロエコロジーを実現しようとしている。加盟国フランスは、アグロエコロジーを推進する新法を2014年に制定し、2022年からは国公立の学校の給食で調達する食材を金額ベースで2割以上、有機食材にすることを法律で義務化した（130ページ参照）。

さらに米国や欧州では、農法・農業技術の開発・教育・普及の方法も見直している。カリフォルニア大学サンタクルーズ校の村本穣司さんは、アグロエコロジーの原則に立脚しつつ、農家とともに各農場でどのような農法が適切かを模索する「参加型の研究」がカリフォルニア州では当たり前になっていると指摘する。欧州においても、政府系の研究機関や大学、農業資材関連企業などが開発した先端技術や新品種をトップダウンで農家に普及する方法は、「完全に時代遅れだ」と認識されている。今は科学者が農家と対等な立場で、ときには農家に教えを請いながら、気候変動や感染症への対策などにともに手を携え協力し合う時代なのだ。

ひるがえって日本では、2021年に「みどりの食料システム戦略」（通称「みどり戦略」、144ページ参照）が策定され、2022年には関連法が施行された。しかし同時に先端技術を用いたスマート農業も推進されている。こうした先端技術は、政府系の研究機関や大学、農業資材関連企業が開発したもので、農家が開発した技術に学び普及するという、欧米で重視されるスタイルとは異なる。

新しい時代に求められているのは、全国一律の農法や農業技術ではなく、地域ごとの課題に即したオーダーメードの解決策である。地域によって気候や土壌は異なり、その地域に最適な農法、種子、畜産物も当然変わる。日本は、省庁間の連携、国・都道府県・市町村の連携、農業試験場と農家をふくめて官民の連携のあり方を見直すだけでなく、組織のあり方や思考方法（マインドセット）の更新も求められる。

もっと学ぶための参考文献・資料

- 小規模・家族農業ネットワーク・ジャパン 編（2019）『よくわかる国連「家族農業の10年」と「小農の権利宣言」』農文協
- ゲイブ・ブラウン 著、服部雄一郎 翻訳（2022）『土を育てる――自然をよみがえらせる土壌革命』NHK出版

解説2 2周後れのランナーが実はトップランナー？――日本に学んだ欧米諸国

アグロエコロジーをめぐる日欧米の状況を比較すると、日本は大きく後れを取っているようにみえる。しかし、日本には歴史的に地域に根差した素晴らしい取り組みや伝統的な知恵があり、欧米の有機農業の先駆者たちは、実は日本を含む東洋の考え方や実践から多くを学んでいる。

北海道で「大地再生型有機農業（リジェネラティブオーガニック農業、地球温暖化を抑えつつ地力を高める不耕起の有機農業）」に取り組むパイオニア的農家、レイモンド・エップさん（米国出身）によると、「米国は日本の有機農業から学んだ」「有機農業の普及が、日本による世界への最大の貢献だ」という。

現在、土を耕さない農法、不耕起栽培が温暖化を防止するとして注目されている。この農法とセットで用いられるのが被覆植物（カバークロップ）であり、緑肥としても使われているが、実は日本の伝統的な農業の知恵や実践のなかで昔から重視されてきたものである。

❷の畑は、化学肥料も農薬も使わない、長野県南相木（みなみあいき）村在住の細井千重子さんの家庭菜園である。標高1000mを超す山里は、冬はマイナス20℃にもなるが、漬物などの農産加工品の生産を組み合わせれば、わずか200坪程度の庭でもほとんど自給できるという。肥料は草を堆肥化したものと緑肥だけで、化学肥料や家畜排せつ物に由来する堆肥は一切使わない。種子も自分の畑で取ったものだけを用いており、他所で生産した種子を買うことはほとんどしない。細井さんいわく「土を裸にすることは貧になる」。これは現在、欧米で取り組まれているリジェネラティブオーガニック農業の考え方と一致する。こんなに素晴らしい教えが、日本では古くから地域で受け継がれてきたのだが、戦後生まれの70代の方に聞いても、この教えは知らない人が多い。「過去の伝統が伝わっていない」と細井さんは嘆く。

いま求められているのは、生態系を壊す近代的農業を根本的に見直し、地域に根差した伝統的な知恵や農法に立ち返ることだろう。諸外国は日本の過去の取り組みに学び、未来の農業を紡いでいる。

アグロエコロジーの原則に立てば、全国一律で通用する農法はなく、地域の環境や生活に根差した叡智こそ探究すべきものだといえる。さあ、目の前にある皿のうえの食材から、その食べ物が創られた大地を想像してみよう。足元をもう一度見直してみよう。そこからしか地球を救うすべはない。

❷「旬や蔓の伸ばし方など、キュウリが本来持つ自然な生理を伸ばせば元気に育つ」と自分の菜園で説明する細井千重子さん

国際家族農業年と国連「家族農業の10年」

執筆：関根佳恵

◎国際家族農業年

国連は、2014年を国際家族農業年と定めて、家族農業の重要性を再評価し、支援することを世界に求めました。きっかけになったのは、2008年の世界的な食料危機です。気候変動による不作やバイオ燃料の需要の高まりによって穀物の価格が高騰したため、低所得者層で食料を買えない人が増えてしまいました。不安心理により食料の輸出規制を行なう国が出たため、事態はさらに悪化しました。また、穀物価格が高騰した背景として、投機マネーが穀物市場に流入したことも指摘されています。

このとき、最も食料危機の被害を受けたのは、貧しい農家の方たちでした。なぜ、食料を生産している農家が食料不足に陥ってしまったのでしょうか。たとえばメキシコでは、北米自由貿易協定（NAFTA、現USMCA）が結ばれる前には、小規模な家族経営の農家はトウモロコシを自給していましたが、貿易の自由化によって安い米国産のトウモロコシが大量に輸入されるようになったため、生産を止めざるをえませんでした。ところが、2008年の食料危機のときには輸入トウモロコシの値段が高騰し、貧しい農家の方たちは主食であるトウモロコシを買えなくなってしまったのです。同様のことが、世界各地で起きました。

二度と同じことを繰り返さないために、スペインのバスク地方を拠点とする国際NGOの世界農村フォーラムが中心となって国連食糧農業機関（FAO）、国際農業開発基金（IFAD）、および加盟国に働きかけ、2011年の国連総会で国際家族農業年が設置されました（❶）。世界の食料の80%以上を生産している家族農業への支援なくして、食料問題を解決することはできません。2014年には、世界各地で家族農業に関する国際会議が開催され、その重要性と支援の必要性が共有されました。

❶国際家族農業年のロゴ

◎国連「家族農業の10年」

国際家族農業年の成功を受けて、この取り組みを10年間継続しようという機運が国際的に高まりました。2017年の国連総会では、国連「家族農業の10年」(2019～28年)の設置が全会一致で採択されました(❷)。この議案を提案したのはコスタリカで、日本を含む104カ国が共同提案国になりました。

また翌2018年には同じ国連総会で「農民と農村で働く人々の権利宣言（農民宣言)」が採択されています(56ページ参照)。

初年度の2019年には世界行動計画が策定され、7つの柱(政策、若者、女性、農業組織、回復力、気候変動、多面的機能)に沿って家族農業への支援が行なわれることになりました。加盟国政府は、これに沿って国内行動計画を策定することを求められています。2022年現在、日本を含む53カ国に国連「家族農業の10年」の枠組みで活動する全国組織があり、家族農業団体を含む2625団体が啓発活動などを行なっています。

この間にも、食料輸入国や企業が外国の農地を大規模に借りて開発する農地収奪(ランドグラブ)が発生し、小規模な家族経営の農家が農地を追われたり、気候変動や生物多様性の喪失、砂漠化、病害虫の大発生などによって食料生産が困難になる地域が広がったり、新型コロナウイルスの感染拡大やロシアによるウクライナ侵攻の影響が生じたりしました。

こうした課題を乗り越えて、環境・社会・経済的に持続可能で、公正な農と食のシステムに移行するためにも、化学農薬・肥料や化石燃料などに依存した近代的農業や、温室効果ガスを発生させながら地球の裏側から食料を調達する体制を見直し、小規模・家族農業によるアグロエコロジー(50ページ参照)や地産地消を推進するよう、国連は強く呼びかけています。

❷国連「家族農業の10年」のロゴ

国連「農民の権利宣言」=農村生活者を丸ごと守る枠組み

執筆：岡崎衆史

◎「農民の権利宣言」の画期的な点とは

世界人権宣言（1948年）、国際人権規約（1966年）、女性差別撤廃条約（1979年）、先住民族の権利に関する国際連合宣言（2007年）……第二次大戦後、国際社会は、人権を守る仕組みを発展させてきました。2018年12月、ここに新たな権利が加わります。「農民と農村で働く人々の権利宣言（以下、農民宣言。「農民」とはpesantの訳。「小農」と訳されることもある）」です（❶）。

❶ 2018年12月、国連総会で「農民の権利宣言」を採択

「農民の権利」は2000年から国際農民組織ビア・カンペシーナの加盟組織のインドネシア農民組合が提唱。ビア・カンペシーナは2008年、独自に「農民男女の権利宣言」を発表し、これが国連での討議の土台になりました。その後、国連人権理事会での討議、採決を経て、国連総会で採択され、晴れて国際法制度の仲間入りを果たしました。時代遅れで非力だと思われていた農民自身が提案し、実現に向け運動を行ない、国連の討議に参加し、意見を反映させたという点で、このボトムアップのプロセス自体がまず画期的でした。

◎「暮らしと生業を守る」農民宣言の重要性

農民宣言は、これまでの国際人権法制度の枠組みに新たな権利を加えたという意味で内容的にも注目に値します。とりわけ次の点が大事です。

第一に、宣言全体を貫く考え方として、農民と農村で働く人々について、食料の供給や環境保全などで重要な役割を果たしながらも、貧困や飢えにさらされ、暮らしや営農の危機に陥っていることを認め、暮らしと生業を守る特別の権利を集団として認めている点です。

第二に、食料主権と食への権利について相互に補い合う権利として盛り込み、その保障を義務付けている点です（第15条）。また、農民が農業を行なうために必要な土地（第17条）、種子（第19条）、その他の生産手段（第16条）、生物多様性（第20条）やアグロエコロジーを実践する権利（第16条、第20条）も盛り込むなど、食料主権、食への権利を実現するために欠かせない諸権利も網羅されています。

第三に、農村破壊の主因となっている貿易や投資協定についても触れ、農村での生活に否定的な影響を与えるものではならない旨が規定されています（第16条）。

第四に、農民や農村生活者を、意思決定のプロセスに参加させることを、政府に義務付けることで、権利が実際に保障されることを担保するものとなっています（第2条、第15条）。

日本政府は、宣言成立に向けた交渉の中で、アメリカやヨーロッパの一部とともに、その内容を弱める発言を行ない、投票では棄権に回りました。現在も農民の権利という考え方は「（国際人権法上）未成熟」「法的拘束力はない」「日本の農民の権利は保障されている」「途上国の問題」など後ろ向きの発言を繰り返し、実施に背を向けています。

◎農民の権利が保障される政治や社会への転換を！

しかし長年の農産物の貿易自由化政策に加え、農業・農村の振興を怠った結果、都市と農村の格差が広がり、農村の過疎化が進んでいるのは明らかです。農村では高齢化、離農、農地の縮小などが一体的に進み、コミュニティの維持さえ危ぶまれています。

TPP11（CPTPP）、日欧経済連携協定（EPA）、日米貿易協定、地域的な包括的経済連携協定（RCEP）などのメガ協定が次々と締結され、輸入農作物の増加が農村の疲弊を増しているだけでなく、主要農作物種子法の廃止、種苗法の改悪など、農民の種子への権利も脅かされています。ウクライナ危機後はとりわけ、肥料や飼料、エネルギーを含めた農業生産資材の値上がりに多くの農民が苦しんでいます。

農民宣言にあるような、農村地域の人々が食と農の政策策定過程に参加し、決定する権利、生産を続けるために必要な資材、生活が保障されている状況とは程遠いのが実態です。農民宣言の視点で農政を見直し、農民の役割が正しく評価され、それに見合った支援が受けられ、潜在能力が発揮できるように、農民の権利が保障される政治や社会に転換することが求められます。

参考：小規模・家族農業ネットワーク・ジャパン 編（2019）『よくわかる国連「家族農業の10年」と「小農の権利宣言」』農文協

ESD（持続可能な開発のための教育）と農林水産業

執筆：玉 真之介

◎日本が提案した国連「ESDの10年」

ESDとは、ユネスコ（UNESCO、国際連合教育科学文化機関。以下、国際連合は「国連」と略）が提唱する「Education for Sustainable Development」の略で、「持続可能な開発のための教育」運動のことです。いま国連が取り組んでいるSDGsの普及をはじめ、世界各地の教育現場で活発に取り組まれています（❶）。

このESDを世界に広げたのは、2005年から始まった国連「ESDの10年」でした。そして、その提案をしたのは日本だったのです。具体的には、2002年のヨハネスブルク「持続可能な開発サミット」で、日本のNGO（非政府組織）と政府が共同提案し、その年の国連総会で採択されたのです。

◎「持続可能な開発」とは

「持続可能な開発」とは何でしょうか。この概念が生まれる起点は、1972年にストックホルムで開催された世界初の環境に関する国際会議にありました。この会議で採択されたストックホルム宣言は、環境に関する26項目の原則を定めるなど画期的なものでした。しかし、課題も明らかになったのです。それは、先進工業国と発展途上国との間の「開発」に対する姿勢の違いです。

この問題に取り組んだのが、日本の提案で発足した「環境と経済に関する世界委員会」でした。そして、この委員会の報告書『われら共通の未来』（1987年）の中で、初めて「持続可能な開発」の概念が提起されたのです。

その概念では、開発に「将来の世代のニーズを損なわない」という条件を付けました。「世代間責任」と言います。この考えをさらに発展させたのが1992年にブラジルのリオ・デ・ジャネイロで開催された「地球サミット」でした。そこで「持続可能な開発」にはトリプル・ボトムラインという考え方が加わりました。つまり、経済、社会、環境は切り離せないという考え方です。

◎ユネスコが進めるESDのポイント

国連「ESDの10年」の成功を受けて、ユネスコは2013年に「グローバル・アクション・プラン」を採択しました。その中でESDは、①多様性、②相互性、③有限性、④公平性、⑤連携性、⑥責任性の6つの価値観を養うという目標が定められました。

このうち「相互性」とは、「人同士はもちろん、生き物や自然から私たちの生活は成り立っている」という価値観です。また、「有限性」は、「食べ物や電気などは無限ではないことを理解し、将来のために考える」ことです。

さらにESDでは、①批判的に考える力、②未来像を予測して計画を立てる力、③多面的・総合的に考える力、④コミュニケーションを行なう力、⑤他者と協力する力、⑥つながりを尊重する力、⑦進んで参加する態度の7つを学習指導で重視することになりました。

◎農林水産業はESDの宝庫

国連は、2019年から「家族農業の10年」を始めました。それは、家族農業が世界の食料生産額の8割を担うだけでなく、生態系の保全と修復に果たす役割が大きいと評価されたからです。同時に、飢餓や貧困の撲滅、ジェンダーの平等、気候変動、海洋・陸上資源の保全など、SDGsの目標の達成にも、家族農業を振興することが重要となっています。

2016年にユネスコ／日本ESD大賞を受賞した「NPO法人 森は海の恋人」は、宮城県気仙沼で牡蠣を養殖する漁家で組織され、豊かな海を守るために森に木を植える運動を30年以上続けています。その植林作業に子供たちが参加することで、森・里・川・海が生態系としてつながっていることを体験的に学ぶことができます。

農林水産業は、自然・生態系と向き合い、その恵みを感じ、それを壊さないで守る産業として、ESDの学びの宝庫なのです。

❶日本でもESDは活発に取り組まれている。『ESD QUEST キャラクター（文部科学省）』（下）と、『はぐクン（環境省）』（上）

小規模農業を支援する世界の国々

執筆：関根佳恵

◎アメリカ

アメリカの農業といえば、大規模な農業を思い浮かべる人が多いでしょう。たしかに、農業経営の平均規模は 180ha (2020 年) です。でも、実はアメリカの 201 万の農業経営のうち 98% は家族経営なのです。小規模家族経営（年間農業所得 35 万ドル未満）は全経営の 89.2% を占めています (❶)。

アメリカでは、農業の近代化政策の下で、20 世紀以降、経営数は減少し平均規模は拡大してきました。しかし、農務省は規模拡大の弊害について 1980 年代初頭から警鐘を鳴らしていました。1981 年の報告書では「農業生産では大規模化がもたらす経営採算上のメリットが乏しい」にもかかわらず「規模拡大を助長している農政」は「抜本的転換」をしなければならないと指摘していたのです。

さらに 1998 年の同省報告書も「真のコストを考慮した場合、常識とは反対に、大規模農場は小規模農場よりも効率的に農産物を生産しない」と指摘しています。真のコストとは、市場の寡占化の弊害、環境的リスクの増大、災害時の食料安全保障上の危険性、食品の安全性、長距離輸送にともなう化石燃料消費の増大などです。

同省は、小規模経営が公共政策の真の対象であり、その発展を支援するのが連邦政府および州の事業であるとしています。また、持続可能な農村の復興は、力強く活力ある小規模経営があってこそだと明言しています。その後も同省は大規模経営への生産集中に警鐘を鳴らし、小規模農場への財政的支援を拡大するべきだと主張してきました。こうした事実は、規模拡大を推進してきた日本ではほとんど知られていません。

バイデン政権下で、農務省は中小家族経営への支援や研究予算の拡充を決めており、気候変動対策や環境保護政策と合わせて、持続可能な農業への移行を目指しています。また、都市やその周辺では、環境に優しく土地生産性や収益性も高い小規模な農業として「マイクロ農業」が数年前から人気を博しています。気候変動や食料危機、栄養改善など、さまざまな社会的課題を解決する方法としても、小規模農業が評価されているのです。

❶アメリカの農業経営体や生産額の状況（2020年、%）

	家族経営			非家族経営
	小規模	中規模	大規模	
経営体数	89.2	5.6	2.9	2.4
生産額	20.4	20.2	46.1	13.4

資料：アメリカ農務省の資料より筆者作成

◎欧州連合（EU）

EUでは、1050万の農業経営のうち95.2%が家族経営です（2016年）。平均規模は11haで、5ha未満の経営が全体の65.6%を占めています。戦後の農政は、家族農業を基本としつつも農業の近代化（改良品種、農薬・化学肥料、機械の利用）を推進し、規模拡大を図ることを重視してきました。

しかし、近年になって環境に優しい農業への支援を強化するとともに、規模拡大政策を見直しています。背景には、農業の近代化と規模拡大で先行していた西欧で1970年代から農業人口の減少による農村の過疎化、石油由来の資材価格の高騰と農産物価格の低下による経営の危機、環境汚染などが社会問題化し、これまでの農政からの脱却が必要だとの認識が徐々に強まったことがあります。

2013年には、農相会合で家族農業がEU農業の基礎であることがあらためて確認され、翌年から始まった共通農業政策の改革期では、加盟国の任意で小規模経営への直接支払額を加算できるようになりました（❷）。さらに、2017年に発表された次期改革期（2023～27年）の基本方針では、気候変動や環境汚染への対策を一層強化するとともに、小規模経営への支援も強化することが打ち出されました。

現行制度では、経営体数で全体の2割を占める大規模経営が直接支払額全体の8割を受給しており、真に支援を必要としている小規模経営に支援が行き届いていないとの批判が強まったのです。そのため、新たに受給上限額を導入し、大規模経営に対する直接支払の累進的減額を進め、小規模経営に再配分する方針です。小規模経営の継承や新規参入を支援するNPO法人なども設立されており、「社会全体で小さな農業を育てよう」という新たな潮流が形成されています。

❷ EUにおける小規模農業への支援強化の流れ

2013	農相会合で家族農業がEU農業の基礎であることを確認
2014	共通農業政策で小規模経営への直接支払額の加算を開始（加盟国の任意）
2017	共通農業政策の次期改革で、小規模経営への直接支払額の加算を義務化する方針を打ち出す
2021	スペイン・ポルトガルが国連「家族農業の10年」の国内行動計画の策定を開始、 スペインはEUに家族農業支援法提案で調整

資料：EU行政文書およびインタビュー調査より筆者作成

Theme 9

和食（寿司）から考える日本の食卓

和食の代表格＝お寿司のネタは、どこからやってくる？

執筆：岩佐和幸

❶大手回転寿司チェーンの原材料原産地の地理的分布

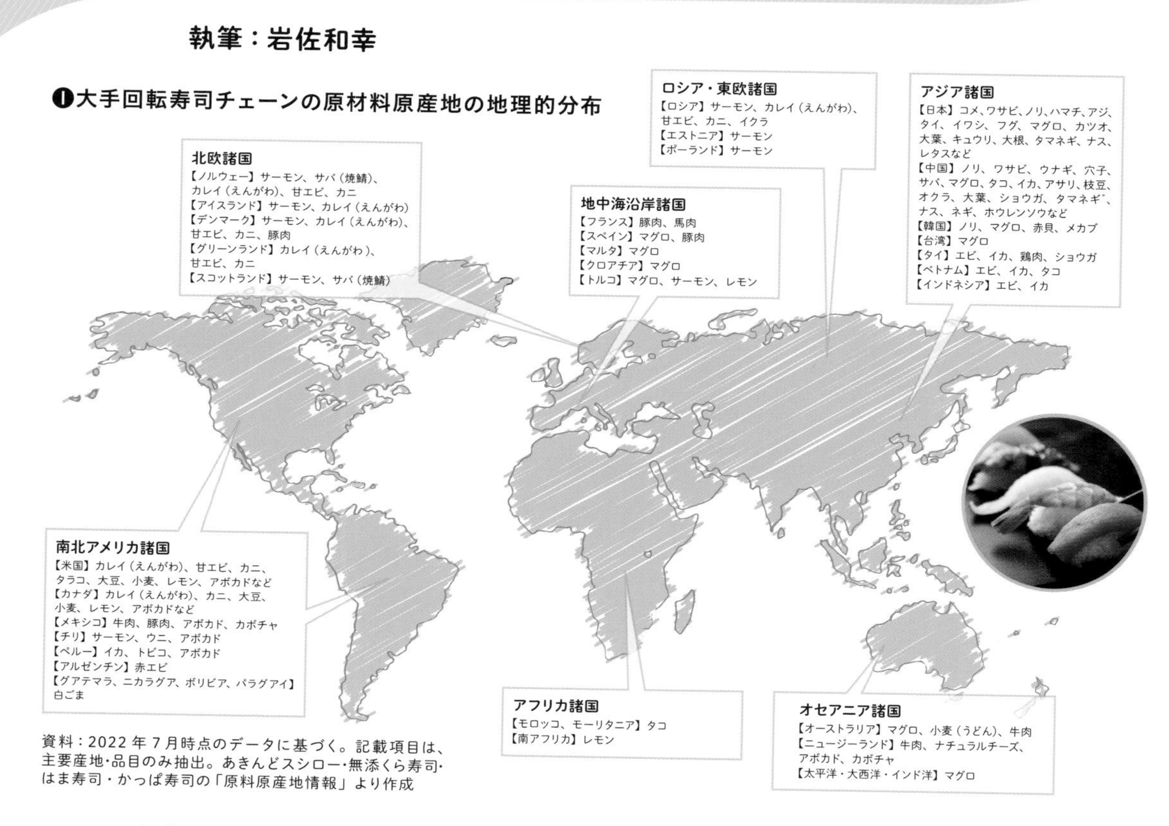

資料：2022年7月時点のデータに基づく。記載項目は、主要産地・品目のみ抽出。あきんどスシロー・無添くら寿司・はま寿司・かっぱ寿司の「原料原産地情報」より作成

みなさんは回転寿司に行ったことはありますか。店に入ると、1皿100円台の寿司をはじめ、期間限定品や肉・野菜がメインの変わり種の寿司、麺類、カレー、デザートなどのサイドメニューが充実しています。食事以外にも、タッチパネルや景品つきゲームなどのアミューズメントが満載です。寿司といえば、かつてはカウンター越しに目の前で職人が握る高級イメージがありました。しかし、今では目の前のレーンに乗って次々運ばれてくる「廻る寿司」がメジャーになったように感じます。

一方、寿司は「和食」の代表例というイメージもありますね。ちなみに、日本の伝統的な食文化として、和食は2013年にユネスコの無形文化遺産に登録されました。

では、安くてうまい回転寿司のネタは、一体どこからやって来ているのでしょうか。

探究に役立つ関連キーワード

回転寿司、グローバル化、開発輸入、黄昏の食料輸入大国、寿司職人

寿司ネタから見える和食のグローバル化

❶は、回転寿司大手４社が仕入れているネタの原産地を示しています。世界の隅々からネタが集められていて、その数、日本以外の49の国・地域に上ります。

コメは国産のみですが、ワサビとノリは、国産以外に中国・韓国からも仕入れています。また、ガリ（ショウガ）は、中国・タイ産で占められています。

主役の魚介類では、ハマチやアジ、タイ、イワシなどは国産ですが、他の産地は世界中に拡がっています。定番のマグロは、太平洋・大西洋・インド洋で操業する日本や韓国、台湾などの漁船を通じて仕入れています。ただし、同じマグロでも、トロはオーストラリアや地中海沿岸諸国の蓄養マグロを用いています。また、サーモンはチリと北欧・東欧、えんがわ（カラスガレイなど）は北欧・東欧、カニとイクラは北米・ロシア・北欧、ウナギは中国、トビコはペルー、ウニはチリから取り寄せています。エビは種類ごとに産地が異なり、バナメイ種が東南アジア産、赤エビはアルゼンチン産、甘エビはグリーンランド産です。

魚介類以外だと、ハンバーグと麺類は、北米・オセアニア産の牛肉と小麦が原料です。野菜では、ナスが国産と中国産、カボチャはニュージーランド・メキシコ産が用いられ、さらに、東南アジア産のエビにニュージーランド・メキシコ産のアボカドと中国産・国産のタマネギがのった「えびアボカド」のような、多国籍寿司も登場しています。

つまり、寿司は和食でありながら、世界の天然資源と人間労働に支えられたグローバルな食べ物に変わってきたといえます。では、このような安さ追求のグローバルな寿司を、今後も食べ続けることができるのでしょうか。私たちは寿司を通して海外の影響を受けると同時に、世界各地の自然環境と人々の暮らしにも影響を及ぼしていることに、思いを馳せる必要があります。

調べてみよう

- □ **好きな寿司ネタは、どこからやって来ているのだろうか。回転寿司チェーンのウェブサイトの原産地情報を手がかりに探ってみよう。**
- □ **寿司ネタの元となる食べ物が作られたり運ばれたりする際に、どのような問題が起きているだろうか。新聞やテレビ、ネットのニュースに当たって調べてみよう。**

回転寿司のグローバル化
――黄昏の食料輸入大国

寿司は代表的な和食であるが、ネタは世界中から調達している。こうしたグローバル化を体現した和食＝寿司の牽引役が、回転寿司である。

回転寿司は、1950年代末の誕生以来、子どもから大人まで人気を集め、寿司のイメージを贅沢食から大衆食へ変える原動力となってきた。強みは、豊富な原料調達である。大手チェーンは、水産資本・商社と提携し、輸入食材の大量仕入でコスト低減を図ってきた。その筆頭が、業界トップのスシローである。同社は、原材料の海外比率が7割に及ぶが、多種類のネタを多角的に仕入れている。中国や東南アジアでは地元の人の手でネタの加工が施され、チリでは技術指導でウニの最適調達を図るなど、国際分業や開発輸入を展開している。最近は産地直接取引や養殖にも乗り出し、ネタの安定調達を目指している。

とはいえ、今後も安い食材をグローバルに求め続けられるのだろうか。第一に、漁業開発の影響を考える必要がある。生産力増大と資源先取り競争で世界の漁獲量は1990年代以降低迷し、3分の1は乱獲状態にある。代わって養殖（青の革命）が急拡大しているが、養殖場造成に伴う自然破壊や密殖による水質汚染、抗生物質を介した健康不安、加工場の劣悪な労働慣行が懸念される。しかもグローバル調達はフードマイレージ（食料の量×輸送距離）の増大に帰結し、気候変動を加速させる。そのため、持続可能な資源利用を目指す「責任ある漁業」の実現が課題となっている。

第二に、食料輸入大国・日本の陰りである。1970年代以降、排他的経済水域の設定や円高の進行、保存・輸送技術の発達を背景に、日本は世界最大の水産物輸入を記録する反面、国内漁業の衰退で自給率は5割台まで落ち込んでいる。加えて、世界的な魚食ブームとともに中国と米国が新たな輸入大国へと浮上し、2000年代以降は日本の業者が市場で「買い負け」する事態を迎えている（❷）。2020年代以降は、円安への反転とコロナ禍やウクライナ危機による物流停滞で、食料全般の輸入コストが高まった。食料全体の自給率は現在4割以下だが、世界中で買い漁る食料輸入大国は黄昏を迎えている。

寿司を食べる行為は、まさにグローバルな自然・社会とつながっている。単なる消費者にとどまらず、世界の食料問題の当事者として、課題解決に向けた行動が求められる。

❷水産物輸入大国（日・米・中）における水産物輸入量の推移

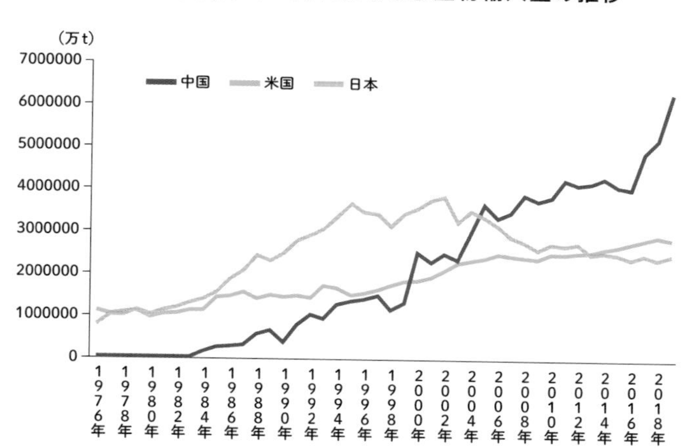

資料：農林水産省『令和3年度水産白書』より作成（原資料は、FAO, Fishstat）。

もっと学ぶための参考文献・資料

●岩佐和幸 執筆（2015）「回転寿司のグローバル化 ―― 職人の消失と地域の衰退――」岩佐和幸・岩佐光広・森直人編『越境スタディーズ ――人文学・社会科学の視点から――』リーブル出版

●山尾政博 編（2014）『東南アジア、水産物貿易のダイナミズムと新しい潮流』北斗書房

解説2 回転寿司の地域インパクト ―― 職人の退場とコミュニティの衰退

食材のグローバル調達と並ぶ回転寿司のもう一つの戦略は、絶え間ない技術革新である。ビール工場をヒントにコンベアレーンに寿司皿を乗せて運ぶところからスタートした回転寿司は、コンベアと給茶装置の一体化や皿洗浄機、職人の代わりにシャリを大量生産する寿司ロボットなど、機械化を相次いで進めてきた。

さらに、タッチパネルを通じて注文商品を届ける特急レーンや、空き皿の自動カウントを兼ねたカプセルゲーム、皿に装着したICチップに基づく損益管理と自動廃棄等、ハイテク・AIを駆使したシステム化へと進化を遂げ、出店拡大を進めてきた。

こうした回転寿司の勢力拡大は、業界に構造変化をもたらした。今や大手4社だけで回転寿司店の半数、売上高の8割を占め、寿司市場全体の半分は回転寿司が占めるようになった（❸）。一方、この10年で寿司店は2割も減少し、従業員数10人未満の個人経営は半減する一方、寿司経営数のわずか1割弱の大型店の店舗数のみが大幅に増え、総従業者数の半数近くが大型店で働くようになった。

つまり、回転寿司チェーン店の市場支配とは対照的に、街の小さな寿司屋の淘汰が進んできたのである。その結果、私たちの地域社会は様変わりするようになった。

第一に、寿司職人の退場である。寿司屋に行くと、「シャリ炊き3年、握り8年」と呼ばれる下積みを経た地元の職人がカウンターに立ち、目の前で寿司を握っている。しかし、回転寿司店では、工程分割・マニュアル化で職人の出番はなくなり、客の見えない厨房でロボットと非正規労働者が組み立てる寿司が提供されるようになった。

第二に、地域の産業・社会の活力低下である。これまで寿司屋は、店主の目利きで地元業者から仕入れた地場の魚を素材に、住民が囲んで食する社交の場として機能してきた。しかし、回転寿司チェーン店は、地域とのつながりを切断し、世界中から集めた安い食材を画一的に提供する消費の場にすぎず、経済的利益も本社所在地へ流出してしまう。そのため、競争激化と高齢化で地場の寿司屋は次第に店をたたむと同時に、コミュニティが衰退する一因にもなっている。

グローバル化が曲がり角にある現在、「安くてうまい」という選択だけでなく、寿司を通して足元の豊かさを再発見する途も、探ってみる価値があるのではないだろうか。

❸回転寿司大手の市場シェア

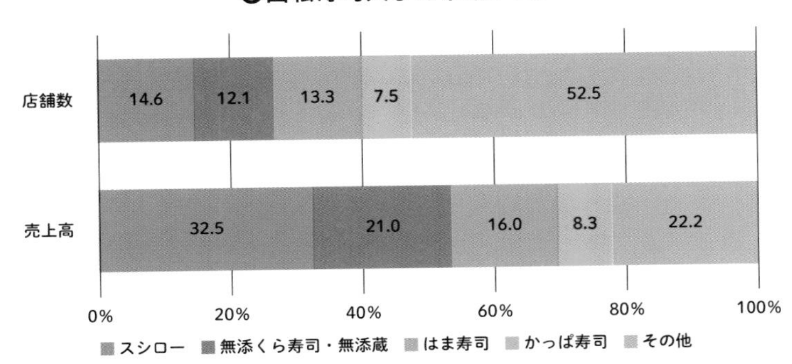

※2021年データ　資料：富士経済『外食産業マーケティング便覧 2022』2022年より作成

Theme 10

カップラーメンから考える世界とのつながり

カップラーメンの材料がどこから来ているか知っていますか？

執筆：小池絢子

❶カップラーメンの材料は世界中から集められている

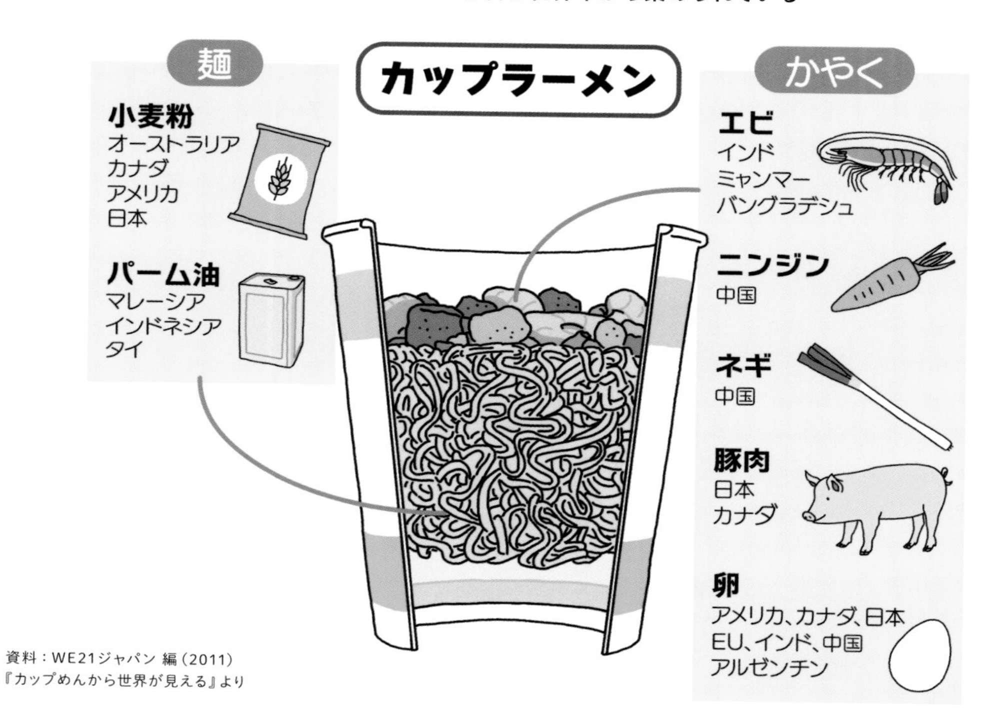

資料：WE21ジャパン 編（2011）『カップめんから世界が見える』より

私たちの身の回りには、簡単に手に入り、便利に使える商品がたくさんあります。お湯を入れるだけで食べられて、非常食としても活躍する「カップラーメン」はその一つです。そんなカップラーメンの材料は実は世界各地から集められています（❶）。

日本の食料自給率は 38%（2021 年、カロリーベース計算）であり、先進国の中では最低水準となっており、私たちの生活は多くの国々からの食べ物の輸入によって支えられています。でも海外から食べ物を輸入することは、他の国の人たちや未来の世代から大切な資源をうばい、自然環境を壊しているといった側面があることを知っていますか。

探究に役立つ関連キーワード

パーム油、アブラヤシ、プランテーション、つくる責任つかう責任、サプライチェーン

「パーム油」の裏側で起きていること

❷アブラヤシの房と1粒の実。果肉からパーム油が取れ、内側の白い核からもパーム核油が取れる

カップラーメンの材料の一つ、麺を揚げる油はパーム油（植物油脂と書かれることもある）で、マレーシア、インドネシアなどから輸入されています。パーム油は植物油脂の中では大豆油と並んで多く使われています。食品ではカップラーメンの他にもポテトチップスを揚げる油、マーガリンなどに、食品以外ではボディソープやシャンプー、化粧品などにも使われており、私たちにとって身近な存在です。

そんなパーム油は、アブラヤシという植物から取られています（❷）。熱帯、亜熱帯地域の広大な農地に、単一の作物を輸出用に大量に栽培する大規模農場を「プランテーション」と呼びます。

アブラヤシのプランテーションは広大な面積が必要で、一般的に搾油工場が経済的に操業するためには、最低でも4000ha（東京ドーム855個分）の広い土地がいるとされています。その結果、インドネシアとマレーシアでは、1990年から2010年までの20年間で、日本の九州の面積に匹敵する約350万haもの森林が伐採されました。その結果、この地で暮らす、オランウータン、スマトラトラ、ボルネオゾウ、サイ、マレーバクなどの動物たちが絶滅の危機にさらされました。

また、プランテーションで農地として開発される土地の多くは、先住民族が暮らしてきた土地ですが、彼らの権利が無視され、適切な調査や説明、協議が行なわれないまま開発が進められることも多いです。他にも、数多くの問題が起きています。

調べてみよう

- □ 好きなカップラーメンを選んで材料のパーム油（植物油脂）がどこから来ているか調べてみよう。
- □ パーム油の問題に対してアクションをしている団体や人々について調べてみよう。
- □ カップラーメンの他の材料で起きている問題はないか、調べてみよう。

解説1 パーム油が引き起こす、さまざまな問題

世界の植物油市場においてパーム油は大豆油と並ぶ主要な油脂で、加工食品など多くの製品に使用されている。理由としては、植物油脂の中では安価であること、年間を通じて安定収穫が可能であること、精製後の酸化がしにくいこと、そして固めても溶かしても使用でき、食品の風味を変えない使いやすい油であることが挙げられる。最近は「植物油脂」と表示されていることも多い。

❸パーム油となるアブラヤシを栽培する大規模プランテーション

パーム油はアブラヤシから取れる油で、果肉から取る油をパーム油、種子から取る油をパーム核油という(❷)。原料のアブラヤシは、ヤシ科アブラヤシ属に分類される植物の総称で、19世紀に東南アジアに導入されてからは、1960年代にマレーシア、1980年代にはインドネシアで大規模プランテーションが急激に増加した(❸)。こうしたパーム油の生産時に起きている問題には以下のものがある。

【パーム油の生産にまつわる問題】

森林生態系の大規模な消失

熱帯雨林がプランテーションに転換されると、そこに暮らす8～10割の哺乳動物、爬虫類、鳥類が消失する。

アブラヤシは地球上でもっとも生物多様性が高いと言われる低地熱帯雨林で栽培されており、この地で暮らす貴重な大型哺乳動物が絶滅の危機にさらされている。

❹アブラヤシ収穫の様子

火災と気候変動への影響

1997～98年にインドネシアで発生した大規模な火災のうち、46～80%がプランテーション企業の敷地内で発生している。このうち4分の3がアブラヤシのプランテーションにあたる。火災は、農園の整地のために熱帯林などの植物を焼き払う「火入れ」から生じたものであると指摘されており、地元住民と企業の間の対立により生じたと考えられるケースもある。

1997年には、インドネシアで火入れによる整地が法律によって禁止されたが、依然として違法な火入れが行なわれ、森林火災を引き起こしている。こうした直接的な影響に加え、搾油工場においても廃液由来のメタンガスなど、さまざまな段階で温室効果ガスを大量に排出することも問題となっている。

もっと学ぶための参考文献・資料

- 開発教育協会 編（2002）『パーム油のはなし――「地球にやさしい」ってなんだろう？』
  http://www.dear.or.jp/books/book01/375/
- 開発教育協会、プランテーション・ウオッチ 編（2020）『パーム油のはなし２――知る・考える・やってみる！ 熱帯林とわたしたち』
  http://www.dear.or.jp/books/book01/5190/
- WE21ジャパン 編（2011）『カップめんから世界が見える』 ※教材は完売しましたが、ワークショップの受付は行なっています。
  http://we21japan.org/education

地元住民の権利侵害

開発される土地の多くは、先住民族が暮らす、もしくは利用してきた土地・森林で、たとえ正式な土地権利証書を持っていなくとも、その慣習的な権利は国際法・国内法で認められている。

しかし現実にはその権利は無視され、土地の利用に関する適切な調査がされない、あるいは事前の説明・協議が行なわれないまま開発が進められることも多い。

❺収穫する労働者たち

マレーシアにおいては、特に東マレーシア（サラワク州、サバ州）において土地をめぐる紛争が多く報告されている。インドネシアでも1998～2002年の間に、土地の権利を主張した地元住民が負傷したり、死亡したりする事件が起きている。

労働問題

プランテーションでは深刻な労働問題も起きている。

低賃金労働、危険で劣悪な労働環境、過酷なノルマ、健康被害、不法労働者の搾取、多発する事故、児童労働などの問題が指摘されている。

マレーシアでは、インドネシアからの不法労働者が劣悪な条件下での労働を強いられるケースが、特に東マレーシアにおいて報告されている。同時に、パームの実を収穫する刃物、農薬の曝露などによる事故も多発している。

北スマトラ州の３つの国営のアブラヤシ・プランテーションで、2004年に雇用された10万人以上の労働者のほとんどは、法で定められた最低限の保険にも加入していない。また３万人余りの労働者は正当な賃金を支払われておらず、粗末な住居に住まわされていることが報じられた。

農薬汚染

パーム油の生産に際しては、害虫や雑草を抑えるために、さまざまな殺虫剤や除草剤が使用されている。その一つ、除草剤のパラコートジクロリドは有毒性の高い薬品で、深刻な健康被害を引き起こすため、EUなど多くの先進国では使用が禁止されている。そうした薬品の使用が、プランテーション労働者や周辺住民に健康被害をもたらしている。また農薬および化学肥料の不適切な使用は、人体への影響と共に、土壌汚染や水質汚染、周辺生態系への影響も引き起こし、食物連鎖への影響も懸念される。そして多くの場合、こうした農薬の散布などの軽作業を担当するのは女性労働者であり、さまざまな健康被害の影響がでている。

解説2 持続可能なパーム油生産の動き

さまざまな問題点があるアブラヤシのプランテーションだが、その解決策として、パーム油の使用を止めて他の植物油脂に切り替えるボイコットのような行動だけでは、問題の解決は難しい。現在、パーム油は世界で利用される植物油脂の中で最大の生産量であり、これを他の植物油脂の増産によって代替することは、そのために必要な新たな農地を開発することになるため、非現実的である。

実際、南米では大豆油の生産に必要な大豆を栽培するために大規模なプランテーション開発が行なわれており、パーム油と同様の問題が起きている。

またパーム油生産国の多くは途上国であり、すでにアブラヤシの生産が主要な生計手段となっている人々は多く、パーム油の使用を止めることはそうした人々への不利益にもつながる。そのためパーム油を持続可能な方法で生産するための取り組みが進んでいる。

パーム油には「持続可能なパーム油のための円卓会議（RSPO；Roundtable on Sustainable Palm Oil)」による認証制度がある（❻）。一つは、農園や搾油工場を対象に生産段階で基準が守られているかを認証する「P&C認証」で、もう一つは製造・加工・流通過程（サプライチェーン）の段階を対象とした「サプライチェーン認証（SC認証）」である。

認証取得のためには、経済的に存続可能であること、環境的に適切かつ社会的に有益であることが求められ、「RSPOの原則と基準（The RSPO Principles and Criteria、P&C）」が守られている必要がある。基準は状況の変化に対応できるように、5年ごとに見直しが行なわれている。認証の有効期間は5年だが、毎年遵守状況がチェックされ、場合によっては期間内であっても取り消されることもある。

これらの認証をクリアした商品を選んで購入することで、持続可能な方法で生産している生産者たちを支えることができる。そうして消費の流れを変えれば、多くの生産者や企業が持続可能な生産方法を選ぶようになるだろう。こうした行動も、私たちが解決に向けて行なえるアクションの一つである。

❻「国際認証制度RSPO」の7つのステークホルダー

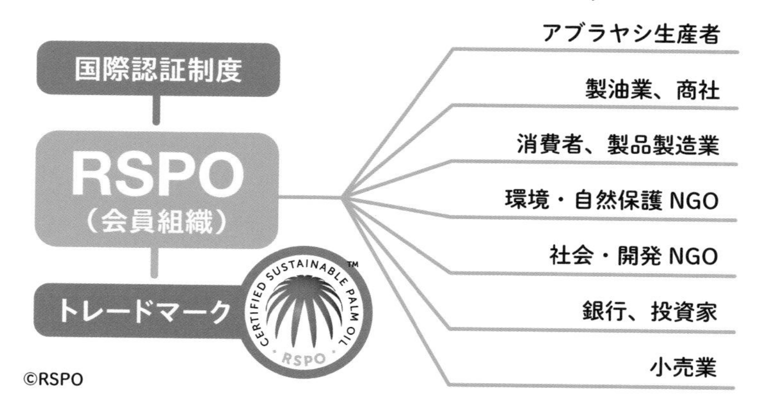

資料：WWFジャパン「RSPO（持続可能なパーム油のための円卓会議）認証について」より
https://www.wwf.or.jp/activities/basicinfo/3520.html

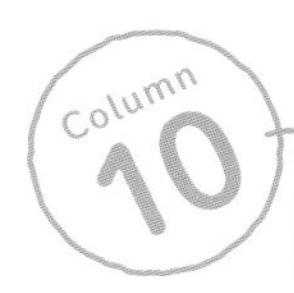

認証の向こう側——パーム油学習で考えたいこと

執筆：八木亜紀子

開発教育協会（DEAR）は2002年と2020年に、2つのワークショップ教材を発行した（❶）。大量生産・大量消費、グローバリゼーション、先住民族、児童労働、生物多様性、気候変動など、アブラヤシ農園開発が引き起こしてきた多岐にわたる社会問題を取り上げているが、20年前に発行した教材が長年にわたって活用され、続編を発行できたことは、これらの問題が「解決していない」かつ「持続可能な状況にはなっていない」ことを意味している。

これらの諸問題を解決しつつ、アブラヤシを栽培していくために2004年に設立されたのが、持続可能なパーム油のための円卓会議（RSPO）である。認知度の高まりと共に、授業やワークショップの参加者から「RSPO認証のついた商品を選ぶ」ことが望ましい行動として挙がることがある。ファシリテーターとして私たちが気をつけていることは、「RSPOありき」で、それが「ひとつの正解」であるかのように導かないことだ。

違法な農園経営をしているRSPOメンバーもいるし、RSPO認証を上回るNDPE方針（「森林減少禁止、泥炭地開発禁止、搾取禁止」の意）に取り組む農園経営者なども存在する。RSPO認証を取得していても、認証マークをつけていない商品もある。たしかにRSPOは、持続可能性により配慮している選択だが、本当にそれで問題解決になっているのか、熱帯林の減少は止まらないのはなぜか、このままだとどうなるのか、ほかに解決策はないのか、問いかけることが重要だ。

厳しい現実に目を向けるのは苦しいことだが、心地よい落としどころを見つけて「学習のまとめ」としていては、考える機会を奪うことになる。持続可能な社会は実現されていないのだから、ファシリテーター自身も学習者と共に学び、考えてほしい。

❶教材『パーム油のはなし』を使用した高校生対象のワークショップ

参考：開発教育協会 編（2002）『パーム油のはなし——「地球にやさしい」ってなんだろう？』 http://www.dear.or.jp/books/book01/375/
開発教育協会、プランテーション・ウォッチ 編（2020）『パーム油のはなし2——知る・考える・やってみる！熱帯林とわたしたち』 http://www.dear.or.jp/books/book01/5190/

アブラヤシ・プランテーション開発の進むボルネオで

執筆：八木亜紀子

◎企業にも野生生物にもメリットのある共存とは

2020年1月、わたしは日本の環境省とNPOが開催したマレーシア森林保全研修に参加し、ボルネオ島のサバ州を訪問しました。ボルネオ島では、1980年代からアブラヤシのプランテーション開発が進み、熱帯林が急速に減少しています。

サバ州内を移動する車窓には延々と、アブラヤシばかりの光景が続きます。熱帯林が残っているところも、伐採などにより二次林が多くを占め、本来の豊かな熱帯林はほとんどないとのことでした。当初は驚きや怒りを持ってそれらの光景を眺めていたものの、数時間もすると見慣れてしまい、変わらぬ景色に退屈さえしている自分がいました。異常なことが起きているのに、それに慣れ切ってしまい、徐々に「異常」が「日常」になる。そして、気づいたときには後戻りできないほど深刻な状況に陥っている。パーム油だけでなく、同様の事例を容易に思い浮かべることができるのではないでしょうか。

❶NGO・HUTANのイザベル・ラックマン博士（オランウータン研究の第一人者でもある）。プランテーション（白い部分）が広がり、森（緑色の部分）の分断化が進んでいるという
NGO・HUTAN：https://www.hutan.org.my

現地のNGO・HUTAN（ウータン）も訪問しました（❶）。HUTANは、プランテーションにより分断された森と森を、再生した森林でつなぐ「緑の回廊」づくりに取り組んでいます。オランウータンや象などの野生生物の生息域を広げ、保全することが目的です。

プランテーションの中にも回廊をつくる必要があるため、実現には、農園（プランテーション）経営者の協力が不可欠です。聞けば、当初はNGOだというだけで門前払いされ、対話に応じてもらえなかったそうです。NGOは「パーム油産業を『悪者』と決めつけ、過激なネガティブ・キャンペーンを繰り広げる存在」として、避けられていたのです。HUTAN側も当初は「企業＝敵」と考え、「プランテーションなんか無くなってしまえばいい」と考えたこともあったそうです（わたし自身もそのように考えていたことがあるので、とても共感しました）。しかし、それでは解決しないことから、「企業にも野生生物にもメリットがある共存の方法」を模索するようになったそうです。

❷象たちは、このプランテーションの中でとてもリラックスして過ごしているのだそうです。「観光客が押し寄せる川沿いよりも、こちらの方がストレスが少ないのかもしれない」というお話もありました

HUTANに協力し、農園の一部を「緑の回廊」づくりに提供した農園経営者の方は、「持続可能性に配慮した農園経営をすることでブランド力がつき『この農園からパーム油を買いたい』と言ってくれる企業が増えることを期待しています」と話してくれました（❷）。

◎日本にいる私たちにできること

この取り組みは小さな希望の一つではありますが、まだこの地域だけの事例です。生物多様性が急速に失われていく中、このような取り組みが主流にならないと「もう間に合わないのではないか」という思いが募ります。

2010～2030年の20年間で、パーム油の生産量は約3倍に増えると予想されています。生産量を3倍にもするためには、農園の拡大は必須なうえ、労働者（特に移民労働者）はもっと必要になるでしょう。どうしたら、より環境や人権に配慮したパーム油生産･加工が行なわれるようになるのでしょうか。日本のように、パーム油消費地に暮らす人々にはどのようなことができるのでしょうか。

消費者個人がパーム油をボイコットすることや、「より倫理的なパーム油」を選んで使うことは、できる行動のひとつだと思います。しかし、その効果は非常に限定的なうえ、そうした行動をとれない消費者個々人に罪悪感を持たせることにもなります。そもそも、消費者に選択を委ねていてよいのでしょうか。

やはり、企業・農園経営者・投資家など、生産・加工・調達に関わり、責任を持つ方々が、より持続可能な方法を選択し、実行することが重要だと考えます。そのためにも、企業の変化の後押しをするような声を届けていくことが、市民の役割ではないでしょうか。

Theme 11

ペットボトルのお茶と喫茶文化

あなたの家には急須がありますか？

執筆：池上甲一

❶普段どのような緑茶を飲むか（複数回答）

項目	%
緑茶飲料（ペットボトルや紙パックなど）	61.9
茶葉（お茶っ葉（ティーバッグを除く））からいれた緑茶	54.8
ティーバッグでいれた緑茶	36.3
飲食店（カフェやレストランなど）で提供された緑茶（テイクアウトを含む）	26.3
緑茶は飲まない	12.7

消費者 1,000 人（100%）

❷緑茶飲料を飲む理由（複数回答）

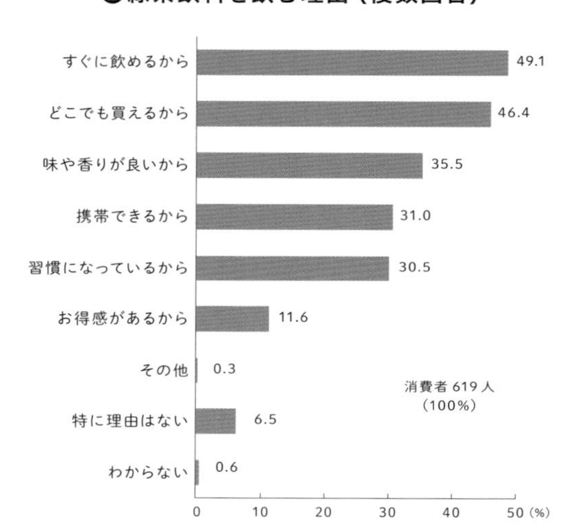

資料：農林水産省「令和 2 年度食料・農林水産業・農山漁村に関する意識・意向調査　緑茶の飲用に関する意識・意向調査結果」より作成

急須はお茶を淹れるのに必須の道具です。ところが、最近は急須のない家庭が増えているようです。みなさんも、多くの人はペットボトル入りの緑茶（以下、ペットボトル茶）を日常的に飲んでいることでしょう。2021 年の世論調査でも、ペットボトルなどの緑茶飲料が 61.9%、茶葉からが 54.8%、ティーバッグ 36.3%、飲まない 12.7%（複数回答）と、緑茶飲料が茶葉を上回っています（❶ ❷）。

世界にはさまざまな喫茶文化があります。急須で淹れた緑茶や煎茶を飲むスタイルは、日本独特の喫茶文化です。それが大きく変わりつつあります。この変化はどのように進んできたのでしょうか。また日本の茶業にどう影響しているのでしょうか。以下で考えてみましょう。

探究に役立つ関連キーワード

喫茶文化、茶系飲料、ペットボトル茶、OEM 生産、荒廃茶園

ペットボトル茶――誕生から人気商品になるまで

日本のお茶には煎茶や玉露、かぶせ茶など、多彩な種類がありますが、まとめて緑茶と呼んでいます。ペットボトル入りの緑茶は茶系飲料に属します。茶系飲料は、食品衛生法によって清涼飲料水に区分されています。

ペットボトル茶は、清涼飲料水の中では少し遅れて登場します。まず 1985 年に缶入り緑茶が、次に 1990 年ごろからペットボトル茶が発売されます(❸)。しかし、この時期のペットボトル茶は高温の加熱殺菌方式で作っていたので、茶葉の香りと味が損なわれがちでした。このため、ペットボトル茶の人気はいまひとつでした。

この状況を大きく変えたのが、非加熱の無菌充填方式を採用したサントリーの「のほほん茶」です。さらに、「伊右衛門」や「綾鷹」のように、老舗の茶商と飲料メーカーが提携して共同開発する形態も生まれ、ペットボトル茶の品質は格段に向上しました。茶商は茶葉の特質やブレンドに関する知識を持っていますし、良い茶葉を調達するルートも持っているからです。

ペットボトル茶が人気商品になったのは次のような点が貢献しています。①手軽で安くて保存・持ち運びが簡単なこと、②自動販売機による販売が広がったこと、③社会に定着したコンビニでの買い物に適していたこと、④緑茶はすっきりしていて健康に良いと感じる人が多いこと、⑤特定保健用食品 (※1) や効能を謳える機能性表示食品 (※2) のように、体脂肪を減らすというような機能性を追加しやすいことです。

❸清涼飲料の開発過程――茶系飲料を中心に

年	開発過程	年	開発過程
1981	伊藤園が缶入りウーロン茶を販売開始（初の茶系飲料）	1997	サントリーが無菌充填方式による「のほほん茶」販売開始
1982	ペットボトルが飲料用に使用可能になる（食品衛生法改正）	2000	キリンが投入した「生茶」が大ヒット
1985	伊藤園が缶入り緑茶（「お～いお茶」）を販売開始（初の緑茶飲料）	2003	花王が特定保健用食品「ヘルシア緑茶」販売開始
1990	「お～いお茶」のペットボトル入り販売開始	2004	サントリーが福寿園と提携して「伊右衛門」開発
1993	アサヒ飲料がブレンド茶として「十六茶」を販売開始	2017	「生茶」の「デカフェ」販売開始
1996	飲料業界が 500ml のペットボトルの使用自粛を解除	2019	機能性表示食品として「濃い茶」認定・販売

資料：「清涼飲料の 50 年」編纂委員会 (2005)『清涼飲料の 50 年』全国清涼飲料工業会、
峰 如之介 著 (2009)『なぜ、伊右衛門は売れたのか。』日本経済新聞出版、ほかに基づいて筆者作成

調べてみよう

- □ 世界にはどのような喫茶文化があるのだろうか。
- □ 体験イベントなどに参加して、茶摘みとお茶づくりの方法を学んでみよう。

※1　特定保健用食品（トクホ）：科学的根拠に基づいて健康の維持・増進ができる食品であることを示す。効果や安全性を国が審査し、食品ごとに消費者庁長官が許可している。

※2　機能性表示食品：トクホとは異なり、科学的根拠や安全性を学術論文などから企業が証明し、消費者庁へ届け出をして許可を受けた食品。

ペットボトル茶はなぜ安いのか

1980 ～ 90 年代には、ほとんどのメーカーが原材料コストを下げるために中国産の茶葉を利用していた。しかし、2002 年に判明した中国産農産物の農薬残留問題をきっかけに、すべてのメーカーが国産の茶葉を利用するようになった。それなのに、ペットボトル茶は 100 円から 130 円程度で販売されている。なぜ安いままなのだろうか。

第一の理由は OEM 生産にある（❹）。OEM 生産とは、スズキの工場で作った軽自動車をマツダの車として販売するような方法を指す。実際にペットボトル用の緑茶を作っているのは数社に過ぎないと言われている。OEM メーカーは同じ品質の緑茶を大量に生産し、その分だけ安くペットボトル茶メーカーに販売する。ペットボトル茶メーカーはそれをブレンドし、添加物で味を調えて自前のブランドとして販売する。だから、原材料コストを大幅に抑えることができるのである。

第二に、添加物については安価な輸入品を使うことが多い。たとえば、ペットボトル茶には合成ビタミン C（L - アスコルビン酸）が添加されている。茶葉に含まれるビタミン C は加工の際に失われてしまうからだというのがその理由であるが、実質的には酸化防止効果の方が大きい。合成ビタミン C は世界保健機構（WHO）でも厚生労働省でも摂取許容量が設定されている物質であることはあまり知られていない。

第三に国産の茶葉を使うといっても、その使用量はさほど多くないし、単価の高い高級な茶葉を使うわけでもない。1 本のペットボトル茶にどれくらいの茶葉が使われているのかはなかなか分からない。265 万 kl の緑茶飲料の生産に要した茶葉は 2 万 6000 t だったと推定されている（2005 年）。1l あたり 9.8g に過ぎないのである。

❹ OEM 生産の仕組み

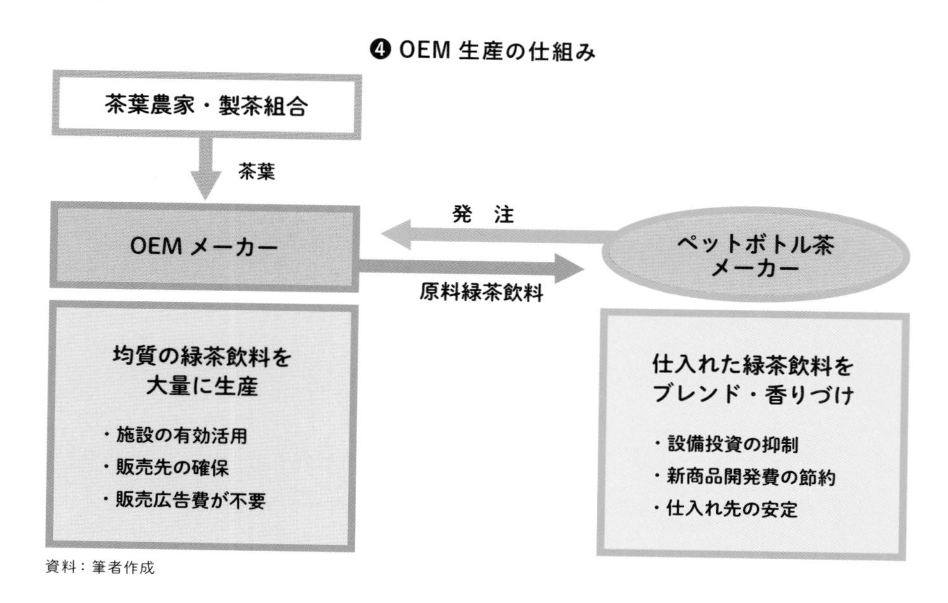

資料：筆者作成

もっと学ぶための参考文献・資料

●池上甲一・原山浩介 編（2011）『食と農のいま』ナカニシヤ出版
●角山栄 著（2017）『茶の世界史 ―改版― 緑茶の文化と紅茶の社会』中央公論新社

解説2 ペットボトル茶の隆盛と日本の喫茶文化

ペットボトル茶の隆盛は、茶葉の消費量の減少と裏返しの関係にある。総務省の家計調査によると、2000年に年間1戸当たり6820円だった茶葉（緑茶）の購入金額は、2021年に3530円と、2000年の半分近くにまで落ち込んだ。一方で茶系飲料は、2000年の3662円が2021年の7860円と2倍以上になった。完全に、茶葉との地位が逆転したことになる。各種の会議で供される飲み物も緑茶ではなく茶系飲料が主流になっている。

こうした消費動向は、長い歴史の中で形成されてきた日本の喫茶文化を廃れさせることにならないだろうか。世界にはさまざまな喫茶文化がある。よく知られた中国のウーロン茶やイギリスの紅茶以外にも、世界各地には、自分たちで採取したり栽培したりして作った「自家製の茶」を飲む習慣が、民俗文化や生活と結びつき心の拠り所となっている例が多数存在する。

急須で淹れたお茶を飲むと、落ち着くと感じたりほっこりしたりする日本人はまだまだ多い。「急須で淹れたような緑茶本来の“にごりのある色味”と“舌に旨みが残るふくよかな味わい”」が、あるペットボトル茶のセールス・ポイントになっているほどである。

喫茶文化の前提は、茶業がちゃんと機能することである。しかし残念なことに、茶園面積も生葉の収穫量も茶業農家数も、いずれも縮小傾向にある。特に、中山間地域と呼ばれる傾斜地の多いところの茶園が大量に放棄されている。傾斜地で排水性が良く、気温変化の大きい中山間地域の茶葉の方が、平場の茶園産よりも一般的に渋みが少なく、好まれる傾向があるが、傾斜地の作業のきつさが茶園の荒廃につながっている。

しかし、新たな動きも始まっている。奈良県には荒廃茶園を集め、カヤを刈ってその間に敷き、肥料を少なくして茶葉の品質を高めるという有機栽培の農家がいる。この農家の茶葉の評価は高く、アジア諸国からの引き合いがあるほどだ。荒廃茶園の復活に大学生が協力する取り組みもある（❺）。

❺奈良県奈良市都祁村の茶畑。
荒廃茶園の復活に大学生が取り組む（撮影：筆者）

国内にはあちこちに有機栽培農家と協力して、伝統的な蒸しと手もみにこだわったお茶を製造する茶商もいる。日本茶ではなく、和紅茶として新しい価値を見出すお茶農家もいる。飲む茶ではなく、食べるお茶を進める動きもあり、学校給食用にメニュー開発が進んでいる。

ほかにも茶の機能性に注目して、化粧品や医薬品の開発も行なわれている。しかしやはり、喫茶文化を発展させていくためには、急須に淹れてお茶を飲むことが重要だ。ペットボトル茶の手軽さも捨てがたいので、すべて茶葉の緑茶に切り替えることは非現実的だろう。だから、まずは場面を使い分けて、リフレッシュとかちょっと贅沢な時間のためにお茶を飲むこと（オケージョンの使い分け）から始めてはどうだろうか。

Theme

12 大豆から考える世界の農業

日本で大豆を食べると、アマゾンの森林がなくなるのでしょうか？

執筆：佐野聖香

❶上空からみたセラード地域

❷大型機械での収穫風景

❸セラード地域の大豆畑

❹広大な大豆畑に飛行機で農薬を散布

日本食の原材料として欠かせない大豆。その生産と輸出の拠点になっているのがブラジルです。日本からみるとちょうど地球の裏側にあたる国で、大規模な商業栽培が行なわれています。そこでは、農地を耕さずに栽培する不耕起栽培、遺伝子組み換え品種の利用、センターピボット方式による灌漑も普及しており、１経営当たり数千から数万 ha という大規模な農地で大豆などの農産物が栽培されています。

現在、こうした商業栽培での生産が拡大、ブラジル国内をどんどん北上化して、アマゾン川の流域地域でも行なわれています。このことで、熱帯雨林の伐採をはじめとする環境破壊が進行するのではないかということが危惧されています。

探究に役立つ関連キーワード

セラード開発、土地なし農民運動、新一次産品輸出経済、家畜飼料、植物油

ブラジルのセラード開発が抱える問題

世界では、大豆は主に家畜用の飼料や植物油として利用されています。特に、低所得者層や発展途上国では安価な大豆油は食料油として人気で、食生活の欧米化が進んでいる今日においては、食肉や油脂類の消費が拡大していることから、大豆への需要も年々高まっています。そうしたことを背景に、ブラジルでは大豆生産が大規模化・大型化しており、大豆生産地域も年々北上化しています。

その一大生産地の形成に大きくかかわってきたのが、日本の政府開発援助（ODA）のセラード開発事業です（❶❷❸❹）。日本の面積の5.5倍の広さを誇りながらも「不毛の大地」と呼ばれていたセラードを、日本の国際協力によってブラジル屈指の穀物地帯へと変貌させてきました。

しかしながらこうした大豆生産の拡大は、さまざまな問題を内包しています。たとえば、商業栽培が北上していったことで、アマゾン川の流域でも大豆生産が行なわれるようになっています。こうしたことは、アマゾン川流域の熱帯林の伐採や水の枯渇問題などの、さまざまな自然環境の破壊が進むことにつながるのではないかと危惧されています。

また、ブラジルでは大規模な商業栽培が拡大する一方で、多くの小規模農業・家族農業も数多く存在しており、そうした階層間や地域間での格差がますます拡大するのではないかと懸念されています。

ブラジルでは、それらの問題を解決するために、自らの土地で食料生産を行なうことが必要だとして、「土地なし農民運動」などの社会運動も活発に展開されています。このようにブラジルで起きていることは、大豆の多くを海外に依存している日本にとっても決して他人事ではなく、食料自給率の問題とともに考えていく必要があるといえます。

調べてみよう

- □ **世界では、どんな国で大豆が生産され輸出されているのか、調べてみよう。**
- □ **大豆は、どのような用途で利用されているか調べてみよう。**
- □ **国内の大豆トラスト運動について、調べてみよう。**

解説1 セラード開発の功罪

ブラジルでは、1970年代以降に食料増産や地域開発を目的とした経済開発計画が実施されている。具体的には、①道路網の建設、②未開発地の収用、③補助金の支給によるブラジル中西部への入植・移住が、促進されてきた。そうした地域開発に、日本のODAの日伯セラード農業開発協力事業（セラード開発）も大きくかかわってきた。そして、石灰を利用した土壌改良、気候にあった品種改良などが行なわれたことで、ブラジルの中西部地域は世界屈指の大豆生産地へと変貌してきたのである。

現在は、農地を耕さずに栽培する不耕起栽培、遺伝子組み換え品種の利用、センターピボット方式（❺）による灌漑も普及し、さらなる大規模な農業生産が可能になり、1経営当たり数千から数万haの農地で大豆生産が行なわれている。

また、こうした商業栽培では、アメリカをはじめとする海外のアグリビジネスらとの契約栽培が主流となっている。さらに、近年はこうした大規模な商業栽培が、北部や北東部のマトピバ地域へと広がっており、さまざまな農産物（たとえば大豆や牧畜など）の商業栽培が次々と北上している。

こうしたことはアマゾンの森林破壊にも関連している。アマゾンでは、違法伐採によって森林が破壊され、焼畑が実施され牧草地へと生まれ変わっている。ある研究によると、2019年までのアマゾン地域の森林伐採の約90％は牧草地へと転換している。また、別の研究ではアマゾンの森林のCO_2吸収量が温室効果ガス（GHG）排出量を下回り始めており、気候変動問題などへの影響も懸念されている。

さらに、資金力のある一部の大規模農業経営への土地集中が加速しているため、地域間や農家間の格差が生じ、新たな社会的階層の形成や、貧富の差がより激しい社会になる可能性も指摘されている。

ブラジルでは大規模な商業栽培が拡大する一方で、多くの小規模農業・家族農業も存在しており、それらの多くが「周辺化」されていること（社会から排除されること）も大きな社会問題となっている。

そのため、ブラジルでは「土地なし農民運動」と呼ばれる社会運動が盛んに行なわれている。これはセラード開発のように、政府が強制的に農地接収などを行なったことに反対する農民らが、公有地や私有地への侵入・占拠を繰り返しながら、農民らへの土地の再分配を求めている社会運動である。近年は、ビア・カンペシーナのような国際NGOとも連携しながら、自らの土地で食料生産を実施できる環境を求めて活動を行なっている。

❺大規模な農地に散水するため、センターピボット方式による灌漑が普及

もっと学ぶための参考文献・資料

●本郷 豊・細野昭雄 著（2012）『ブラジルの不毛の大地「セラード」開発の奇跡』ダイヤモンド社

解説2 さまざまな分野で利用される大豆と日本の大豆輸入依存

❻家畜飼料や植物油などに利用される大豆

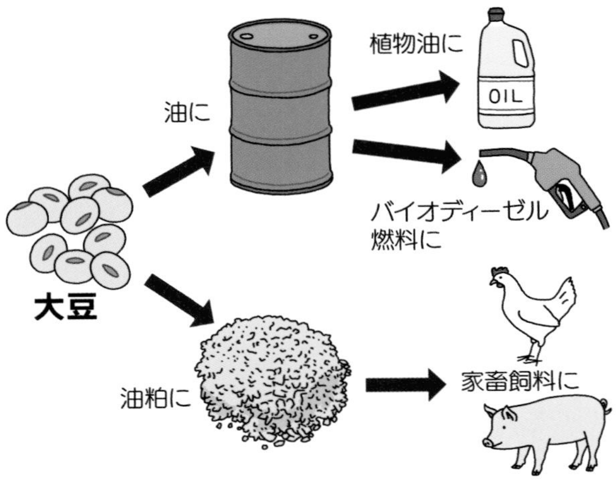

醤油、味噌、豆腐、納豆など、日本の伝統食に欠かせない大豆であるが、世界の多くの国では大豆はそのまま調理されるのではなく、家畜飼料や植物油として利用されている。大豆は、砕くことで大豆の油粕と油に分けられ、油粕は鶏（ブロイラー）や豚などの家畜の餌として利用される（❻）。また、油は精製されて大豆油として食用にされたり、バイオディーゼルとして燃料にも利用されたりしている。

一般的に大豆油は、菜種油やコーン油などに比べると低価格であることから、低所得者層や発展途上国でより多く消費されており、またさまざまな加工食品の原料としても重宝される。特に、各国で食生活が欧米化している今日、食肉や油脂類の消費が拡大していることから、大豆油の需要も拡大しており、大豆生産が盛んに行なわれるようになってきた。また、大豆は家畜飼料や植物油などのさまざまな用途で利用が可能なため、ブロイラー生産など他の農産物の生産や加工を誘発する。

そのため、亜熱帯作物（コーヒーやカカオやバナナなど）に比べ、ブラジル国内でさまざまな農業や加工業を誘発することにつながっている。これを「新一次産品輸出経済」と呼ぶ。このようにして、ブラジルは世界の食料供給基地として君臨しているが、同国の新一次産品輸出経済を支配しているのは外資系アグリビジネスである。

こうして生産された大豆を、そのまま調理して食べている数少ない国の一つが日本である。しかし、日本の大豆自給率は6%（2022年度）と非常に低く、その多くはアメリカやブラジルからの輸入に頼っている。このように日本で大豆を輸入に依存するようになったのは、戦後の日本の農業政策、いわゆるコメ偏重の農業政策が大きくかかわっている。戦後の食糧難を乗り越えながら、工業立国として国の再建を図る必要があった日本では、主食のコメの生産を増産する一方で、海外から安価な過剰農産物として輸入が可能であった畑作物への輸入依存に傾斜をしていった。そうすることで、工業立国としての安定的な地位を確保するとともに、大豆をはじめとした畑作物は海外への依存を強めていった。

私たちは、大豆を食べるときに、地球の裏側で起きている環境問題や社会問題にも想いを馳せ、今のまま外国産の輸入食料に依存し続けてよいのか、どのように国内の大豆生産を振興すればよいのか、考えてみる必要があるだろう。

Theme
13 大規模な酪農から小さな酪農へ

酪農は大規模化すればするほど効率的になるの？

執筆：小林国之

❶放牧で乳用牛を育てる日本の小さな牧場の様子

これまで日本の農業は国際競争力の強化に取り組んできました。その戦略の一つが規模の拡大による効率化の実現です。アメリカやオセアニアなどの農業国にくらべて日本の農業は非常に小規模です（❶）。こうした国と同じような規模になることは不可能ですが、それでも規模拡大を進めて競争力を確保しようとしてきました。酪農でいえば、1980年には全国で11万5400戸の乳用牛飼養農家が209万1000頭の乳牛を飼養していましたが（一戸当たり平均18.1頭）、2021年では1万3800戸が135万6000頭（一戸当たり98.3頭）という状況になっています（❷）。いま、効率化を求めて取り組んできた大規模な酪農経営において「効率」が悪くなっています。それはどういうことでしょうか。

探究に役立つ関連キーワード

放牧酪農、マイペース酪農、農業的な効率、大規模酪農経営、ロボット搾乳

酪農の「効率」は何で決まる?

多くの牛を飼い、一頭当たり年間生産量が多い大規模酪農経営を実現可能にしてきたのが、大規模な牛舎やロボット搾乳などの搾乳施設、穀物を主体とした配合飼料の給与などの技術です。そうしたやり方は、機械投資の額が少なく、穀物を安く入手できる条件下では効率的ですが、現在はさまざまな資材価格が上昇し、穀物価格が高騰しています。そのため、生乳を作るためにかかる費用が上がる状況となっています。また、大規模経営では従業員を雇用し、作業の効率化は進んでいますが、頭数が増加しているので、一人当たりの年間労働時間は長いままとなっています。

一方で頭数は少ないけれど、低コストで生産している酪農家もいます。こうした酪農家は牧草地で牛を放牧し、外部からの資源(輸入穀物や化学肥料、化石燃料など)への依存度を減らした酪農を行なっています(❶)。

畜産のポイントは、どのように牛に餌を食べさせ、ふん尿を回収、処理するのかにあります。大規模経営では牛を牛舎に集めて人が機械を使って餌を配ります。ふん尿の搬出や牧草の収穫も人が機械を使って行ないます。一方で、放牧酪農の場合には、牛が自分で餌をもとめて移動し、ふん尿も直接草地に還元されます。化学肥料を投入して牧草の収穫量を増やす必要はありません。穀物などをあまり給与しないため、一頭から生産される乳量は少なくなってしまいますが、輸入飼料や化学肥料などの外部から購入する資材が少なく、資源効率的といえるでしょう。また、人の労働時間も短くて良いという特徴があります。

❷全国における一戸当たり乳用牛飼養頭数の推移

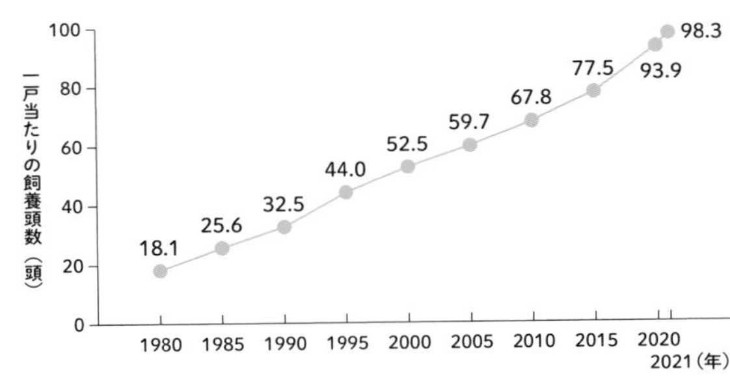

資料:農林水産省「畜産統計　長期累年統計表」より筆者作成

調べてみよう

- □ 近くに牧場があったら、頭数や飼料はどのようなものか聞いてみよう。
- □ 経営主の方に、どんなことを経営の目標としているか、質問してみよう。

解説1　大規模経営が直面する困難

日本の農業は、国際化が進むなかで競争力を付けることを大きな政策目標としてきた。ガット・ウルグアイ・ラウンド、世界貿易機関（WTO）、そして最近では環太平洋パートナーシップに関する包括的及び先進的な協定（CPTPP）や各国との経済連携協定（EPA）が締結され、日本の農業は国際競争のなかで生き残ることを求められている。そのための政策の方向には、農業の高付加価値化と規模の拡大による効率化の実現がある。規模を大きくすることで、１単位当たりの生産に必要なコストが逓減することを経済学の用語では「規模の経済」が作用するという。

酪農経営においても規模拡大による競争力の強化、効率化を実現するための規模拡大の政策が実施されてきた。規模拡大は、効率化の実現とともに、酪農家戸数が減少するなかで、生産量の維持を目標に行なわれてきた。全国の酪農家（乳用牛飼養戸数）一戸当たりの乳牛飼養頭数は拡大して、2021年には98.3頭となっている。また、経産牛一頭当たりの年間乳量は、1985年の5640kgから2020年の8806kgに増えている。このように、規模拡大により経営体当たりで生産できる生乳生産量が増加したという点で、効率化が進んでいるといえる。

だが、大規模な経営の方が、生乳を生産するために必要な単位当たり費用がより高い状況となっている。農林水産省の統計をみると、飼養頭数200頭以上の経営はそれ以下の経営体よりも生産費が高くなっている（❸）。

この要因として、大規模化に必要な機械や施設などの価格が高いこと、購入する飼料価格の高騰（流通飼料費）、一頭当たり乳量が増加することで牛の搾乳可能期間が短くなっていること（乳牛の更新費用の増加）などがある。つまり、外部資材を活用しながら、短い期間で多くの生産量を得るやり方が特徴の大規模経営は、現在の経済情勢のもとで困難に直面している。

❸搾乳牛飼養頭数規模別にみた牛乳生産費（乳脂肪分3.5%換算乳量100kg当たり）

		全国	1～20頭未満	20～30頭	30～50頭	50～100頭	100～200頭	200頭以上
物財費		7,978	8,223	8,478	7,909	7,830	7,688	8,460
	飼料費	4,308	4,779	5,073	4,469	4,221	3,972	4,461
	流通飼料費	3,515	3,989	4,393	3,681	3,276	3,291	3,746
	牧草・放牧・採草費	793	790	680	788	945	681	715
	乳牛償却費	1,781	1,707	1,499	1,606	1,754	1,827	1,997
	その他	1,889	1,737	1,906	1,834	1,855	1,889	2,002
労働費		1,692	3,618	2,882	2,338	1,744	1,166	1,058
	家族	1,344	3,452	2,660	2,074	1,437	781	[illegible]
	雇用	348	166	222	264	307	385	[illegible]
費用合計		9,670	11,841	11,360	10,247	9,574	8,854	[illegible]
副産物価額		1,648	2,077	1,805	1,769	1,685	1,534	[illegible]
	子牛	1,497	1,734	1,555	1,583	1,481	1,399	[illegible]
	きゅう肥	187	343	250	186	204	135	176
生産費（副産物価額差引）		7,986	9,764	9,555	8,478	7,889	7,320	7,827
資本利子・地代全額算入生産費		8,441	10,275	10,014	8,934	8,385	7,742	8,257

牛乳の生産費は100～200頭規模が最も効率が高い

資料：農林水産省「畜産物生産費統計」令和２年度。注：「その他」には、種付料、敷料費、光熱水料及び動力費、その他諸材費、獣医師料及び医薬品、賃借料及び料金、物件税及び公課諸負担、建物費、自動車費、農機具費、生産管理費が含まれる

もっと学ぶための参考文献・資料

●三友盛行 著（2000）『マイペース酪農──風土に生かされた適正規模の実現』農文協
●佐々木章晴 著（2017）『草地と語る〈マイペース酪農〉ことはじめ』寿郎社

土地、草、牛、人の調和をはかる“マイペース酪農”

そうしたなかで、外部資材への依存を減らすことで、効率的な酪農経営を行なっている人たちがいる。「マイペース酪農」と呼ばれることもあるそれらの酪農は、特定のやり方を指すのではない。配合飼料や化学肥料への依存を減らし、土地、草、牛、そして人のバランスを重視した経営スタイルを目指している酪農の総称である。

放牧を中心としてさまざまなバリエーションをもつ、こうした酪農のスタイルの大きな特徴は、一頭当たり乳量は少ないが、投入資材（肥料、燃料、配合飼料など）も少ないため、経営コストが少ない、つまり所得率（農業収入にしめる所得の割合）が高いという点に現れる。

大規模な経営と比較してみよう。乳価を 100 円 /kg とすると、以下のようなことがわかる（❹）。

❹大規模経営とマイペース酪農との経営の比較

	一頭当たり乳量（頭 / 年）	飼養する経産牛	年間出荷量	所得率	年間所得
大規模経営	10000kg	100 頭	1000t	20%	2000 万円（=100 万 kg × 100 円× 0.2）
マイペース酪農	6000kg	40 頭	240t	50%	1200 万円（=24 万 kg × 100 円× 0.5）

資料：筆者作成　所得率が高いと、少ないインプットで十分な所得が得られる！

所得を生み出すために投入したインプットを考えると、小さな規模の酪農でも少ないインプットで十分な所得を上げることができており、資源を効率的に利用しているといえる。

その際のポイントは、土地と牛とのバランスである。経営面積に対して牛の頭数が多すぎると、ふん尿は過剰となり、本来資源であるはずのものが、土に対して窒素過多などの悪影響を与える。一方、土地と牛のバランスが取れていれば、ふん尿は適切な量が還元され、土壌の生態系が豊かになる。化学肥料の施用を抑制し、草地更新（雑草が多くなるなどの理由で生産性が低下した牧草地を耕起・播種しなおすこと）は行なわず、適切な放牧や堆肥の投入をすることにより、さらに土壌は豊かになる。

有機物を適切に土に還元することで、豊かな生態系がうまれ、無数の微生物が土地を豊かにし、牧草を育てる。そうして生育した牧草を放牧された牛が自分で「収穫」して食べ、ふん尿を牧草地に還元する。それは、微生物や牛と一緒に生産を行ない、それによって「効率的な」生産を目指すという、「農業的な効率」の追求である。

もう一つのポイントは、こうした経営は、経産牛 40 頭で 1 家族の暮らしを支えることができる点である。所得率の高い経営では、より少ない頭数・面積の経営で、家族を維持するのに必要な所得を確保することができる。このことは、面積あたり、または一頭当たりで暮らすことができる人が多い、という意味からは効率的だといえる。

農業的な効率を実現するには一定の時間を要するため、中期的な視点が必要である。中期的な視点から、土地、牛、草、人のバランスをいかにとるのか。これは酪農だけではない、これからの農業に必要な視点である。

工場型畜産からアニマルウェルフェアへ

執筆：植木美希

◎アニマルウェルフェアの原則「5つの自由」

みなさんは、アニマルウェルフェアという言葉を知っていますか。日本語では動物福祉や家畜福祉と訳します。

アニマルウェルフェアについての取り組みが最も早かったのはイギリスと言われています。すでに1822年には牛の虐待防止法を成立させています。第2次世界大戦後、世界の畜産が集約的な工業型畜産へと移行する中で、1964年にイギリスのルース・ハリソン氏が過密に飼育されるブロイラーやバタリーケージの鶏、クレート飼育の子牛など、その問題点を克明に記した書籍『アニマル・マシーン』を出版し、これが世界的な議論を巻き起こしました。その結果、動物福祉の原則として使われる「5つの自由」が誕生しています。

この5つの自由とは、「飢えと渇きからの自由」「恐怖及び苦悩からの自由」「物理的及び熱の不快からの自由」「苦痛、障害及び疾病からの自由」「通常の行動様式を発現する自由」です。これが現在もアニマルウェルフェアを考えるときの原則です。たとえ、最終的に人の食料になるとしても、生きている間は「動物が健康で幸せであること」が大切です。

21世紀になりBSE（通称：狂牛病）や鳥インフルエンザなど、動物の病気が人間にも伝染する人獣共通感染症の問題が明らかになってきたことで、すべての人と動物、そして環境の健康は一つであるという“One Health”や、さらには人の健康と動物の福祉は切り離せない“One Welfare”という考え方も重要になってきています。

◎ケージがない飼育が当たり前になる？――欧州の畜産

身近な食材である卵を産む採卵鶏について考えてみましょう。日本の採卵鶏の大半は、バタリーケージと呼ばれる狭いケージで飼育されています。1羽当たりA4用紙1枚にも満たない面積で、かつ何段にも積み重ねられ窓もなく、エアコンで管理された鶏舎が大半です。

欧州（EU）では、2012年にこのバタリーケージ飼育を禁止しました。狭いケージでは鶏の本来の行動である羽ばたくことも、止り木にとまることなどもできないからです。欧州のスーパーマーケットで販売されている卵は、ケージ飼育ではないケージフリー卵（平飼い、屋外の草地で過ごせる放牧、そして鶏が食べる飼料も農薬や化学肥料を使用せずに育てた有機飼料を与えた有機卵）が大半を占めるようになっています。しかも販売されている卵1つ1つに、改良型ケージ（エンリッチドケージ）3、平飼い2、放牧1、有機0という、わかりやすい番号表示がなされています（❶❷）。1m² 当たり9羽飼育できる改良型ケージも認められているのですが、ケージであることは変わらないので、消費者には敬遠され生産は激減し、すでにケージフリー飼育の採卵鶏が50％を超えています。

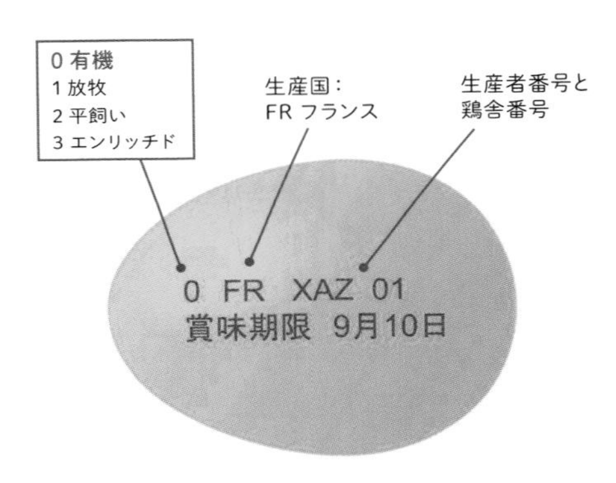

❶フランスのスーパーマーケットにて。EUでは卵の生産方法などを卵殻に表示する（撮影：筆者）。
❷「有機（BIO、英語ではOrganic）かつ、フランス産。XAZの生産者の1番鶏舎で生産され、賞味期限は9月10日」という意味で、卵の表示の見方が詳細に記されている

さらにEUでは2021年6月、2027年までにすべての飼育動物をケージから解放する“End the Cage Age”欧州市民イニシアチブ（ECI：EUが権限を持つ政策分野で一定以上の署名を集めれば、EU委員会に立法を提案できる制度）が成立しました。市民団体が140万人分もの署名を集めて、EU委員会に提出し認められたものです。

近い将来、現在、認められている鶏の改良型ケージも、フォアグラ用のガチョウやアヒル、ウサギ、牛、豚などのすべての家畜を狭いケージに閉じ込めて飼育することが難しくなります。欧州の畜産だけではなくアメリカやアジアでも、動物福祉への取り組みが急速に進んでいます。日本でも最近はスーパーマーケットで平飼い卵の販売が増えてきました。人も動物も幸せに暮らせる持続可能な地球でありたいですね。アニマルウェルフェア・動物福祉の動向にぜひ注目していきましょう。

Theme 14
農場から食卓へ ——変わる農産物・食品の流通

なぜ卸売市場を経由する農産物が減少しているの？

執筆：矢野 泉

❶農作物の流通経路

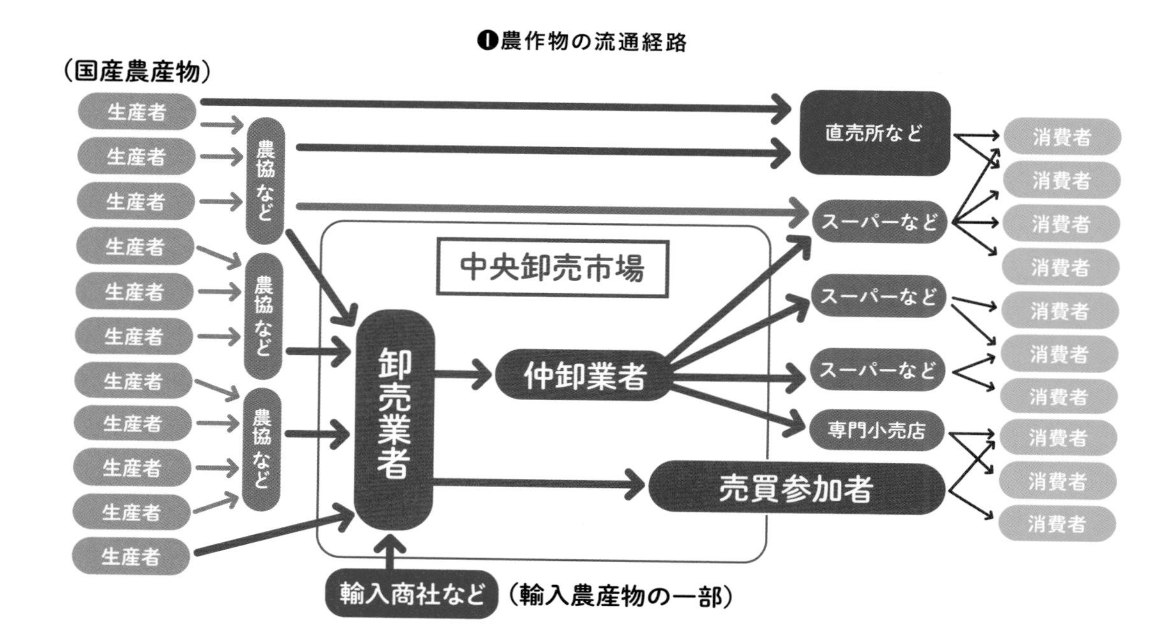

日本には野菜室のある冷蔵庫があります。野菜をシャキシャキに保つために最適の温度や湿度が工夫された空間で、冷蔵庫の中で大きな容量を占めています。海外の冷蔵庫にはあまり見られないこの野菜室の存在は、私たちが食生活の中で鮮度を重視していることを表しています。多様な生鮮食料品を全国の産地から集め、迅速に取引を行ない、私たちに新鮮な状態で「大量」かつ「安定的」に供給する流通の要が卸売市場です。

一方で、最近の冷蔵庫には、大容量の冷凍庫を売りにした商品もよく見かけます。調理済み冷凍食品など、加工食品の消費が増加しており、野菜や魚が新鮮な形ではなく、調理や加工された形で私たちの手元に届く機会が増えています。生鮮食料品の家庭内消費の減少などの食生活の変化は、農産物の卸売市場経由率低下の要因の一つとなっています。

探究に役立つ関連キーワード

卸売市場法、食生活の変化、鮮度、目利き、取引総数最小化の原理

❷早朝の卸売市場

卸売市場は食と農を支える縁の下の力持ち

近年は各地に大規模な直売所が開設され、都市部でも直売市の開催や、スーパーマーケット（以下、スーパー）の直売コーナーに産直野菜が並ぶ機会も増えています。ICTの発達により、オンラインで消費者が生産者から直接購入することも容易になりました。こうした流通経路の多様化が進むことにより、もう卸売市場はなくなってもよいのではと考える人もいるかもしれません。ところが卸売市場を経由する生鮮食料品の割合は小さくなっているとはいえ、現在でも野菜の65％、果物の36％、水産物の47％（2018年）となっています。国産青果物に限れば、79％が卸売市場を経由して私たちの食卓に届きます。それはなぜでしょうか。

第一に、農家にとって大切だからです。日本の農家の多くは小規模な家族経営です。1軒の農家が生産する野菜の量や種類は限られています。また天候の影響を受けるため、予定外の豊作もあれば、台風などで収穫がゼロの時もあります。全国で起こるこうした供給の不安定さを吸収し、需給の調整を素早く行なえる場が卸売市場です。

第二に、スーパーや消費者にとっても重要だからです。スーパーには一年中多様な生鮮食料品が安定的な価格で並んでいます。工業製品とは異なり、旬があり、まったく同じ品質・形状・食味のものを量産することが難しい生鮮食料品に、規格ごとの需要を反映した適切な値決めを行なえるのは、卸売市場という場に全国の生鮮食料品が集まってくるから、またそこに商品の目利きができる卸売業者や仲卸業者が存在するからです。卸売市場で決まった価格は建値（たてね）となり、直売所で自ら野菜を販売する農家も参考にしています。

直売所の良さと卸売市場の重要性の両方を知ることにより、食と農への理解がより深まるでしょう。

調べてみよう

- □ 家電などの工業製品と生鮮食料品の違いを、生産、流通、消費の各段階で比べてみよう。
- □ スーパーで販売されている野菜や果物はどこから来ているか、季節ごとに調べてみよう。
- □ 直売所やスーパーに並ぶ野菜を実際に買って、食べ比べてみよう。価格、品ぞろえ、表示の違いなども見てみよう。

解説1　卸売市場が生鮮食料品の安定供給に果たす役割と卸売市場法

生鮮食料品の商品特性には、以下のことがあげられる。

第一に腐敗性・破傷性が高く、保存性が低い。そのため長期間の保管や輸送に制約があり、迅速な取引（需給調整）が必要となる。

第二に品質・形状・食味にばらつきがあり、標準化が困難である。規格ごとに適正な価格を判断するためには、取引がある程度集中した場における指標となる価格形成が求められる。

第三に単位価格当たりの重量や容積が大きく、工業製品など比較すると保管費や輸送費が割高となる。これを緩和させる一つの方法はできるだけ大きなロットで輸送や保管を行なうことであり、取引の集約化が流通効率化の面で重要となる。

第四に生産の不安定さと消費の非弾力性である。そのため価格の不安定さを回避することは難しい。小売業など需要側にとっては、できるだけ価格の不安定さを取り除くとともに、仮に需給バランスで価格が上下する場合であっても価格形成の過程が明確であることが、消費者への説明責任上も重要となってくる。

卸売市場は、上記の迅速な取引、指標となる取引、取引の集約化、価格形成の明確化を実現し、生鮮食料品流通の仲継段階において効率的かつ公正な取引を行なう場として重要な役割を果たしてきた。さらに、日本においては、そうした経済的合理性を持った卸売市場を「卸売市場法」という法律によって制度化してきた点に大きな特徴がある。

卸売市場法は高度経済成長期後期の 1971 年に制定され、国が計画的に各地に卸売市場を配置、整備することにより、生鮮食料品の全国的な分配システムを構築し、国民生活の安定に寄与することがその目的である。そのため開設主体や取引についての規制的なルールが定められてきた。

取引ルールについてはこれまでも経済社会の変化への適応から見直しの議論や法改定が行なわれてきたが、2018 年に制度自体のあり方を変える法改定がなされた。この改定では、取引上の制約や開設区域の設定といった競争を抑制する条文が削除され、取引ルールなど、各市場に委ねられる部分が大きくなった。制度としての卸売市場の性格が弱まっており、多様化が進む生鮮食料品流通における卸売市場の役割について改めて議論することが必要であろう。

❸在りし日の築地市場。外の築地場外市場（小売市場）とは役割が異なる

もっと学ぶための参考文献・資料

●木立真直 編（2019）『卸売市場の現在と未来を考える――流通機能と公共性の観点から』筑波書房
●藤島廣二・伊藤雅之 編著（2021）『フードシステム』筑波書房
●小野雅之・横山英信 編著（2022）『農政の展開と食料・農業市場』筑波書房

解説2 多様な流通経路と卸売市場

❹に示すＡ～Ｃの３つの流通経路を比べ、どの流通経路が最も効率的、合理的な流通経路といえるだろうか。

正解はケースバイケースである。高齢化などにより生産規模を縮小した農家や自給的な農家にとってはＡが合理的な流通経路となりえる。あるいは大規模で企業的な生産を行なう生産者も戦略的にＡやＢの流通経路を選択することができる。ある程度の生産規模を持つ専業農家や小規模農家であっても、よい品質のものを安定的に生産している場合や、地域がその農産物の有名産地である場合はＣの経路での出荷が合理的となる。

また、生鮮食料品の流通経路は大別すると、卸売市場を経由する「市場流通」と、経由しない「市場外流通」がある。A、Ｂの流通経路は後者、Ｃは前者であるとするのが一般的である。しかし、実際には直売所でも卸売市場経由の仕入品が販売されていることは多い。なぜなら、直売所は地域の農家が生産する野菜などが中心に並ぶため、旬の時期には同じ品目ばかりが売場を占めることがある。一方、直売所を利用する消費者の中には、直売所にもスーパーと同じような品ぞろえを要求する声がある。こうした供給と需要の品ぞろえギャップを解消するため、直売所は卸売市場などから仕入れを行なうことがある。直売所によって異なるが、仕入品については生産者名ではなく、直売所名が表示されていることが多い。

またスーパーの産直コーナーも多様な仕入形態がある。欠品リスクを避けるため、取引上は卸売市場内の卸売業者や仲卸業者を経由し、商品そのものは産地から直接スーパーに納品する形態もある。こうしたお金の流れと商品の流れが別経路を経由する商物分離についても、以前は卸売市場法で規制がかかっていたが、2018年の改定により法律での規制がなくなっている。

このように、流通面から食と農のつながりや社会のあり方を考えるときは、表面的な効率性に惑わされず、持続的な農業のあり方や私たちの食生活に貢献する流通のあり方とは何か、またその流通の仕組みそのものが持続的であるかどうかを意識することが肝要である。

❹様々な流通経路

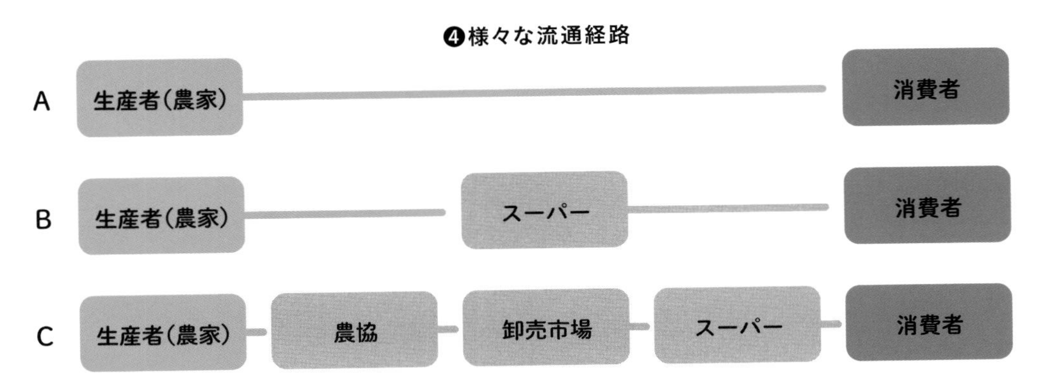

世界の食料貿易体制

執筆：鈴木宣弘

◎貿易自由化を進めれば、食料の供給は安定するのか？

「自由貿易こそが食料の安定供給につながる」あるいは「貿易自由化を徹底して、貿易量を増やすことが食料価格の安定化と食料安全保障につながる」という主張がしばしば行なわれます。一般的に、関税（輸入する物品にかかる税金）などの削減を通じて貿易を自由化していくことが望ましい方向性であるとの認識があります。

それは、工業品の生産コストが農産物の生産コストより低い国は工業品を輸出し、農産物を輸入するというように、相対的に生産コストの低い産物を輸出することによって、各国は利益を増やすことができるという考え方に基づいています。そこで、貿易を促進することが世界全体の利益を増やすと考え、これを進めるための国際的な枠組みが、世界貿易機関（WTO）による多国間での関税削減交渉であり、自由貿易協定（FTA）による数カ国間の関税削減などの交渉です。究極的には、関税などの貿易障壁はなくすのがベストであるという方向性です。

しかし、ここには、見落とされている要素があります。予期せぬ不測の事態が発生し、物流の停止や輸出規制が起こる場合もあります。こうした事態が生じると、貿易の利益を得るために工業品の輸出を伸ばし、食料を輸入に頼る構造を強めていた国は、食料が海外から入らなくなり、飢餓のリスクに直面してしまいます。

つまり「食料」という人の命に直結する財については、不測の事態が起きたときに国民の命が危険にさらされるという、計り知れないコストが生じることを勘案しなくてはいけません。そのコストを考えれば、単純に、工業品の輸出で利益を得て、農産物はどこからでも輸入できるようにしておけば安定供給が保てる、という考え方は大きく修正しないといけないことがわかります。

2022年現在、まさにそうした事態が発生しています。①コロナ禍で物流が止まり、②中国が食料輸入を大幅に拡大し、③異常気象の頻発で食料生産が減り、そこにとどめを刺すかのように、④ウクライナ戦争が勃発し、輸入途絶が現実問題になりつつあります。いわば「四重の危機」と言えるでしょう。

◎規制緩和をせまる米国の意図とは

米国は、WTO交渉の場だけでなく、米国の影響力が極めて強い、世界銀行や国際通貨基金（IMF）の融資と引き換えに、途上国に対して農産物関税の撤廃などの規制緩和を迫ってきました。しかも、その米国は手厚い農業支援を国内では温存し、相手国には徹底した規制緩和を要求します。

実は、米国は、自由貿易とか、「対等な競争条件を」としばしば言いますが、彼らが求めているのは「米国が自由に利益を得られる仕組み」なのです。歴史的にみると「関税を撤廃させた国の農業を、補助金漬けの米国農産物で駆逐していく」という実態があります。

今でも、飢餓・貧困人口が圧倒的に集中しているのはサハラ以南のアフリカ諸国です。この地域がウクライナ戦争による農産物の輸出停止で飢餓人口がさらに増加しているのは、IMFと世界銀行の「融資条件」により、最も徹底した規制緩和・撤廃政策にさらされた地域であることと密接に関連しています。

つまり「政策介入による歪みさえ取り除けば、市場は効率的に機能する」という、市場原理主義的な経済学に基づく規制緩和や貿易自由化の徹底には、「不測の事態に人々の命を守れない」という大きなリスクがあるということです。

それでも多くの経済学者は、貧困・飢餓の撲滅のために「規制緩和、貿易自由化がまだ足りない」「規制撤廃、関税撤廃を徹底しろ」と言い続けています。

◎飢餓のリスクを考えた食料貿易を

貿易自由化による輸入食料への依存は、いざというときに国民の命の危機を招きます。そして、貿易自由化を進めすぎると、少数の生産国と多数の輸入国という構造ができ、ひとたび需給関係に災害や経済危機などのショックが加わると、農産物が価格高騰し、輸出規制が起こりやすくなります。

つまり、貿易自由化が食料供給を不安定にして飢餓のリスクを大きくしている側面があるのですから、「自由貿易こそが食料の安定供給につながる」あるいは「貿易自由化を徹底して、貿易量を増やすことが食料価格の安定化と食料安全保障につながる」という主張には、無理があると言わざるをえません。

農と食を結び直す「産消提携」と「PGS」

執筆：久保田裕子

◎産消提携の成り立ちは協同の精神から

「生産者と消費者の提携」（通称「提携」、学術用語・行政での呼び名は「産消提携」、外国ではTEIKEI）は、作る人と食べる人が、「顔がみえる関係」をつくり、双方ががっちりと手を取り合って、協同の精神（互恵、相互扶助）で自分たちの食べものをつくり、分かち合う活動です。

具体的には、農家の生産者グループ（個人、法人の場合も）と消費者グループ（多数の個々人の場合も）が直（じか）に会って、事前に品目・量・生産方法や価格の決め方、代金支払いの方法、受け渡しの方法などの取り決め（契約）をし、それに従って継続的に供給活動を行なう仕組みです。

たとえば、「提携」の消費者グループAに参加している消費者Bさんは、毎週、有機農家Cさんの農場でとれた旬の野菜セット（8～10品目）と鶏卵6個を受け取ります。お米は2カ月に1度ずつ、有機農家Eさんのつくったお米20kgを受け取ります。Bさんは月毎に代金をAグループに支払い、Aグループには年会費も支払います。お米は、毎年5月に、年間の予約数量を決めて、代金も1年分をまとめて前払いします。

これは一例で、こうした取り決めは、グループごとに多様です。野菜だけのグループもあれば、米、卵、肉類、茶、果物など多種類のものを複数の生産者グループ（個人の場合も）と提携しているグループもあります。また、農産物だけでなく、調味料、乾物などを取扱品目に加えているグループもあり、様々です。

◎有機農業運動と共に日本で発展

この取組みは、日本有機農業研究会（1971年結成）の有機農業運動と共に発展しました。1978年に、先駆的に実践していたグループのリーダーたちが集まり、こうした活動を「生産者と消費者の提携」と呼ぶことにし、その理念と方法の指針として10項目からなる原則（通称「提携10か条」）をとりまとめました。

その下敷きになったのは、人と人のつながりと助け合い（相互扶助）を理念とする生活協同組合（生協）の伝統です。「提携10か条」の第一条には、「生産者と消費者の提携の本質は、物の売り買い関係ではなく、人と人との友好的付き合い関係である。」とあります。金銭による売買のように見えても、その「本質」は、家族の延長のような、互いに相手を理解し、相助け合う関係であるといえます。

「提携」では、消費者が農場の見学会に行く、農家が草取りや収穫に忙しい時には消費者が手伝いに行く、共同で学習会を行なう、収穫祭を行なうことなどを通して、相互の理解と協力を深めています（❶）。食べものを共につくり、共に学び合い支え合う農と食を結び直す仕組みといえるでしょう。

◎アメリカではCSA、フランスではAMAPとして広がる

このような理念と方法をもつ活動は、アメリカでは1986年から「CSA（Community Supported Agriculture：地域支援型農業）」として始まり、カナダ、フランスのAMAP（農民的家族農業を支える会の意）など、欧米やアジアに広がりました。また、ブラジル、チリなどのラテンアメリカでは農民運動、アグロエコロジー運動の一環として発展しました。これらは食料主権、食への権利の運動ともつながりを強めています。

有機農産物の認証の方法についても、こうした地域における信頼関係を基盤とした消費者や関係者、複数の農家相互の確認で成り立つPGS（Participatory Guarantee System：参加型有機保証）という確認の仕組みが編み出され、CSA（英語でいう場合の「提携」も含めた総称）とも連携しながら広がっています。

❶休日やイベントの折、家族連れで農場を訪問。CSA（提携）では、生産者と消費者が家族のようなつながりをもてることが魅力（写真中央はCSA運動のリーダー、エリザベス・ヘンダーソンさん）

参考にしたい本

エリザベス・ヘンダーソン、ロビン・ヴァン・エン 著、久保田裕子 解説（2008）『CSA 地域支援型農業の可能性—アメリカ版地産地消の成果』家の光協会

Theme

15 農地を守るのは誰か?

農地は誰でも買えるわけではないって、ホント?

執筆：楜澤能生

❶青森県黒石市で中山間地の休耕田を利用して自然栽培する、(株)アグリーンハートのみなさん。
次世代の人材を育て、地域を担う農業経営体をつくる試みが全国に広がっている

本当です。それではどうして、ヒト、モノ、サービスの自由な移動や取引が許される自由経済社会にあって、農地だけがこのような規制を受けなければならないのでしょうか。土地は地球の一表面であって、他の商品とは違い人間の労働によって増産することができない、人類にとって希少でまた不可欠の財です。特に農地は、国民に十分な食料を供給するという公共的な役割を負わされています。そのため、農地を農地として維持する法制度が必要となるのです。農地を工業用地や、交通用地、住宅用地に使う場合にも、行政の許可が必要となります。

探究に役立つ関連キーワード

農地法、農業委員会、耕作者主義、農地所有適格法人、農地改革

農地を購入するには、許可が必要

ではなぜ、「農地を農地として維持する法制度」が必要なのでしょうか。その意味を、Aさんの例から考えてみましょう。

Aさんは、東京の銀行で働く銀行員です。たまたまテレビで山形県にある、黄金色の稲穂をなびかせている田んぼや、広大な草地で牛が青々とした草を食む様子が映し出されているのを見て、自分も田んぼや畑、草地のオーナーになりたいと思うようになり、どうしたら農地を買えるのかを調べてみました。そうすると、どうも他の商品とは違って、農地をネットで簡単に買うのは難しいことがわかりました。

農地を買うには、もちろんまずそれを持っている人と売買契約を結ぶ必要があります。これは他の商品と同じです。でも農地の場合には、市町村に設置されている農業委員会からその売買について、許可を受ける必要があるのです。許可が得られなければ、土地の所有者と締結した売買契約は無効となり、農地を買うことはできません。

ではどうしたらこの許可を受けることができるのでしょうか。農業委員会は、農地を購入しようとしている人が、購入を予定している田畑や採草放牧地のすべてで営農をし、かつ自ら農作業に常時従事できるかどうかを審査します。農地を買っても営農する能力がなかったり、営農に必要な農機具がなかったり、農地の近傍に住所がなかったりする人は、許可を受けることはできません。Aさんの場合、銀行業務の知識は豊富ですが、農業をしたことがありません。また、東京に住んでいる限り農作業に常時従事することは不可能です。残念ながら許可を得ることはできません。

それでは、Aさんはおよそ農地を買うことはできないのでしょうか。そんなことはありません。もしAさんが銀行業務に疲れて、自然を相手にする農業を一生の仕事にしてみたいと本気で考えたとします。そういう場合には、新規就農者に対するさまざまな支援策があり、誰でも就農にチャレンジすることができるのです(❶)。

調べてみよう

- □ **新規就農者に対するさまざまな支援策には、どのようなものがあるだろうか。**
- □ **農地付きの家屋を不動産物件として購入するときの条件とはなんだろう。**
- □ **農地を一般企業が購入することはできるのだろうか。**

解説1 農地制度の変遷

土地が個人の持ち物となったのは、明治初年になされた地租改正事業による。明治政府は、農民に土地の所有権を付与し、その者を納税者とする地租改正を行ない、同時にそれまで禁じられていた土地の売買を解禁し、土地を四民(士農工商)平等、誰でも自由に売買できることとした。その帰結として、地租を払えない中小農家は、小作人に転落し、収穫物の半分を超える高率の小作料（借地料）と引き換えに地主から農地を借りて、小作経営を行なうことになった。こうして他人の労働の成果物に寄生して生きているという意味で「寄生地主制」と呼ばれる土地制度が確立し、第二次大戦後まで続くことになる。土地の売買を自由化した帰結だった。

戦後改革の一環としてなされた農地改革によって、地主の土地は小作人に配分され、多くの自作農が生まれた。実際に耕作する者に労働の成果物を帰属すべきだということと、耕作する者がその土地の所有者となるべきだということが農地改革の基本的な考え方であり、これによって地主制度が廃止された。

しかし、当時まだ地主は、小作人に対して大きな力を持っており、地主が小作人から土地を買い戻すことも十分考えられた。これを規制して、農地改革の成果を維持するために農地法が制定され、農地の取引について農業委員会が許可あるいは不許可とする制度が導入されたのである。

農業委員会とは、農地がある市町村に設置される行政委員会で、その地域の農業者が選挙で自分たちの代表としての委員を選出する（2015年の法改正で首長の任命制となった)。

農地法の制定当時にあっては、農地の権利主体は個人か世帯だけが想定されていた。その後、農業生産法人制度が導入されたが、この制度は法人に耕作者主義（解説2参照）の原則を当てはめ、経営と労働が一体化する組織構成を確保すべく、厳しい要件を求めるものであり、要件を充足できた法人だけが農地の権利主体として認められた。

しかし1993年の法改正で、継続的取引関係者など農業に直接従事しない参加者も法人構成員として受け入れ、製造加工事業をも容認した。その結果、農業従事者が共同して農業を営むという組織から、質的な変更が行なわれた。

また特に2000年以降、さらなる要件緩和が進み、役員のうち4分の1は農作業そのものに従事しなければならないとした役員要件を、役員または重要な使用人の1人以上が従事すれば良いとし、さらに農業者以外の議決権を、2分の1未満のところまで拡大した。

また2009年の農地法改正で、農地の貸し借りについては、農業生産法人でない一般法人も、農作業に常時従事しない個人も、農地を借りることが可能とされた。これに伴い農業生産法人の名称が、農地所有適格法人に変更された。

もっと学ぶための参考文献・資料

●関谷俊作 著（2002）『日本の農地制度　新版』農政調査会
●楜澤能生 著（2016）『農地を守るとはどういうことか――家族農業と農地制度　その過去・現在・未来』農文協
●石井啓雄 著（2013）『日本農業の再生と家族経営・農地制度』新日本出版社

耕作者主義と農家の役割

「耕作者主義」というのは、自らの責任と才覚で経営する者であって同時に農作業にも常時従事する者だけが農地の権利者になる、という原則だ。農地を買うのには農業委員会の許可が必要で、許可のない契約は無効とされる。

農業は、食料の生産以外に多面的な機能を果たしている。生物の多様性を確保したり、国土を保全（山林や田畑のダム機能）したり、農村の文化景観を維持したりと、実に多様な働きをしている。今日、農業の多面的機能の持続的な発揮が求められており、それが食料・農業・農村基本法という法律の中に盛り込まれた。

また農業の自然循環機能（農業生産活動が自然界における生物を介在する物質の循環に依存し、かつ、これを促進する機能）が維持・増進されることによって多面的機能をもつ農業の持続的発展が図られることが認識された。

農地法が想定する農業の経営者は、その地域で生活を営みながら農業生産に持続的に従事する生活スタイルを想定している。この生活スタイルには、農地のみならず、地域の里山、林野、水、といった自然資源、祭りなどの社会資源の維持管理も含まれてくる。

農作業に常時従事するためには、生産の場が生活の場と一体となっていることが求められ、農地の近くに居所を置く必要がある（耕作者主義の農作業常時従事要件）。

農家は要するに地域社会の担い手でもあるのだ。地力を収奪し、短期的な利益を上げた後、さっと資本を引き揚げる生産者から、農地や地域社会を守る機能を、耕作者主義は持っているということができる。

農家の中の一戸が地域の農地の大部分を耕作する大経営体になったら何が起こるだろうか。これまで地域を支えた農家の中には、非農家となって生活の基盤を失い、離村する者も出てくることになるだろう。これでは地域社会を支える大事な担い手がいなくなってしまう。また大経営の担い手が事故や病気で入院する事態が起きたら、誰がこの大経営を代わりに切り盛りできるだろうか。

少数の農家への経営集中は大きなリスクを伴うことになる。たとえ小さな自給農家であっても、農地を農地として持続的に維持管理する大事な役目を果たしていることを見逃すことはできない。

耕作者主義は今日攻撃の対象とされることもあるが、持続可能な社会への大転換という21世紀社会における最重要課題との関係で考察すると、地域に定住する農家と農地の持続的関係を確保するという、改めて注目すべき機能を耕作者主義が持っていることがわかる。

Theme 16

外食・中食産業で「働く」

外食やテイクアウトのお店の中は、どのような働き方なの？

執筆：岩佐和幸

❶外食チェーン売上高上位企業と非正社員（非正規）率

順位	社名	主要店名	店舗数（店）	売上高（億円）	従業員数（万人）	非正社員比率（%）
1	日本マクドナルドホールディングス	マクドナルド	2,942	6,520	15,748	86.8
2	ゼンショーホールディングス	すき家、なか卯、ココス、はま寿司	4,388	4,342	67,378	75.9
3	コロワイド	牛角、かっぱ寿司、ステーキ宮、大戸屋など	2,409	2,753	18,842	70.1
4	すかいらーくホールディングス	ガスト、バーミヤン、ジョナサン、夢庵、しゃぶ葉	3,031	2,568	40,617	84.8
5	FOOD & LIFE COMPANIES	スシロー	610	2,132	25,612	82.1
6	プレナス	ほっともっと、やよい軒、MK レストラン	2,884	1,844	7,477	77.9
7	日本 KFC ホールディングス	ケンタッキーフライドチキン	1,172	1,536	3,372	74.4
8	くら寿司	無添くら寿司、無添蔵	495	1,316	16,295	87.2
9	モスフードサービス	モスバーガー	1,277	1,146	3,965	65.3
10	トリドールホールディングス	丸亀製麺、コナズ珈琲など	1,076	1,068	17,326	74.2

注：2021 年度決算
資料：「第 48 回日本の飲食業調査」『日経 MJ』2022 年 6 月 22 日付、「非正社員への『依存度が高い 500 社』ランキング」『東洋経済オンライン』2022 年 2 月 23 日付より筆者作成

❷コンビニ・チェーン　トップ 3 の構成

社名	系列	本部所在地	FC 比率（%）	店舗数（万店）	売上高（兆円）	市場シェア（%）	
						店舗数	売上高
セブン - イレブン	セブン＆アイ・ホールディングス	東京	97.9	2.1	5.0	38.1	43.7
ファミリーマート	ユニー・ファミリーマートホールディングス（伊藤忠商事）	東京	99.5	1.7	3.0	29.6	26.7
ローソン	三菱商事	東京	98.5	1.5	2.6	26.2	23.1
上位 3 社計			—	5.3	10.6	93.9	93.6
コンビニ・チェーン計			—	5.6	11.3	100.0	100.0

注：日経新聞 2021 年度調査における有効回答の集計データで、国内店舗が対象。店舗数計は、日本フランチャイズチェーン協会の 2021 年 12 月データ。年間売上高は、エリア FC を含む。FC 比率は、エリアフランチャイズを除く
資料：『日経 MJ』2022 年 8 月 17 日付、『JFA コンビニエンスストア統計調査月報』2021 年 12 月、各社決算資料より筆者作成

ハンバーガー、フライドチキン、ドーナツ、あるいはラーメンに餃子、または牛丼、焼肉、回転寿司……街中や郊外では、和・洋・中問わず、さまざまなお店に出くわします。みなさんには友達や家族とよく行く「お気に入り」はありますか。

一方、店内飲食に限らず、テイクアウト派の人もいるかもしれません。前者を「外食」、後者を「中食」と呼びますが、中食の代表例といえば、コンビニエンスストア（以下、コンビニ）ですね。おにぎりや弁当、サンドイッチのほか、店内調理のフライやおでん、淹れ立てコーヒーなど、新しい商品やサービスが目白押しです。

ところで、これらのお店の内部では、一体どのような経営が行なわれているのでしょうか。また、そこで働く人は、どのような働き方をしているのでしょうか。

探究に役立つ関連キーワード

外食・中食、ブラック企業／労働、ワーキングプア、フランチャイズ（FC）、ギグワーカー

パート・アルバイトに支えられる外食・中食産業

❶の表に登場する企業は、外食業界トップ 10 です。マクドナルドやケンタッキーフライドチキンなどのファストフードは、すぐに発見できますね。ガストやバーミヤンといったファミリーレストラン（以下、ファミレス）もあります。一方、❷の表は、コンビニ・トップ 3 の顔ぶれです。セブン-イレブン、ファミリーマート、ローソンは知っていますね。

では、各社の共通点は何でしょうか。第一に、会社の規模の大きさがあげられます。外食では、売上高 1000 億円、店舗数 1000 店をこえる企業が少なくありません。コンビニも、上位 3 社はすべて店舗数 1 万店以上、業界トップのセブン-イレブンは年間 5 兆円もの売上を稼ぎ出しています。第二に、巨大チェーンを複数抱えるグループ企業も存在します。すき家・はま寿司などはゼンショー、牛角・かっぱ寿司などはコロワイドという親会社が、個別のチェーンを統括しています。

その結果、第三のポイントが、上位企業への経済力の集中です。コンビニでは、わずか 3 社でコンビニ・シェアの 9 割超という寡占状態に達しています。第四に指摘したいのは、パート・アルバイト依存度の高さです。従業員の圧倒的多数は非正社員で、その比率が 8 割をこえる企業も多数に上ります。

つまり、外食・中食企業は、本部を頂点に出店拡大を通じて売上を伸ばすとともに、末端の現場ではごく少数の正社員と多数の非正社員が働くピラミッド構造であることが垣間見えます。みなさんの中には、アルバイト経験のある人、またはこれからやってみたい人がいると思います。ぜひ、食べる側だけでなく、働く側の視点も、これから身につけて欲しいと思います。

調べてみよう

- □ **同じ外食でも、個人経営の店とチェーン店の違いは何だろうか。実際にお店を訪ね、食事を味わった後、議論してみよう。**
- □ **自分が住んでいる地域のコンビニ・マップをチェーンごとに作った上で、コンビニのメリットとデメリットを考えてみよう。**
- □ **アルバイト経験のある友達同士で話し合い、どうすれば「ブラック労働」を解決できるか、考えてみよう。**

ワーキングプアに支えられる外食・中食業界の構造

外食といえば、特別な日にごちそうを食べるレストランや、地元の人が集い、料理人が腕を振るう食堂・喫茶店のイメージであったが、1970年のファミレス誕生と翌年のマクドナルド1号店のオープンを機に産業化が進み、今や個人経営から法人チェーンへの主役交代の時代を迎えている。近年は外食の伸びが鈍化する一方、弁当・惣菜・調理済食品＝「中食」の浸透で競争が激化するとともに、多様なサービスを背景に調理・食事を家庭外に依存する「食の外部化」が進んできた。

では、外食・中食の現場は、どのような人が支えているのだろうか。❸が示すように、まず女性比率とパート比率の高さが特徴的である。大手企業は店舗運営の画一化とチェーン展開が基本戦略であるが、食材はセントラルキッチンで集中処理され、店舗厨房での最終仕上げも機械化・マニュアル化されている。その結果、店内ではプロの料理人の代わりに未熟練の非正規労働を配置することが可能になる。当然、人件費は抑えられ、平均時給は軒並み最低賃金に近い低水準である。

もう一つの特徴は、正社員の劣悪な労働条件である。各社はしのぎを削る中、低価格化や24時間営業などの戦略を駆使してきたが、その負担が少数の正社員に重くのしかかっている。コロナ禍で一般労働者の労働時間は全産業より短くなったが、それ以前は1割程度長かった。その割に、給与総額は全産業の3分の2にすぎないため、離職率は他産業よりも高くあらわれている。

つまり外食業界は、多数の非正規の低賃金労働と少数の正社員の過重労働に支えられている。この間、残業手当カットの「名ばかり管理職」や深夜の1人勤務（ワンオペ）といったブラック企業も出現し、過労死・過労自殺などの発生件数では上位職種の常連になるなど、働き方の矛盾が懸念されるようになってきた。

こうした状況から、最近は深刻な人手不足に陥っており、さまざまな対応策が講じられている。その一つが、営業時間の短縮や省力化を通じた働き方の改善である。もう一つが、外国人労働者の導入である。留学生が積極的に活用され、「特定技能」資格での受入も始まった他、人材育成拠点をアジアに設ける企業もあらわれている。果たして、労働力の海外依存は、真の解決策となるだろうか。根底にあるワーキングプアに支えられた業界構造の改善が、改めて問われている。

❸外食産業における労働現場の状況（2021年）

	女性比率（%）	パート比率（%）	総実労働時間（月間）				現金給与総額（月間）				離職率	
			一般		パート		一般		パート		一般	パート
			（時間）	（指数）	（時間）	（指数）	（時間）	（指数）	（時間）	（指数）	（%）	（%）
全産業	44.3	31.3	162.1	100.0	78.8	100.0	42.0	100.0	10.0	100.0	1.4	3.1
			(164.8)	(100.0)	(83.1)	(100.0)						
飲食サービス業など	63.0	77.7	155.7	96.1	63.0	79.9	27.9	66.4	7.1	71.0	2.5	4.3
			(180.0)	(109.2)	(72.4)	(87.1)						

注：女性比率は従業者の中での割合。総実労働時間の括弧内は、コロナ禍前の2019年データ
資料：総務省統計局『労働力調査』2021年版、厚生労働省『毎月勤労統計調査』2019年版、2021年版より筆者作成

もっと学ぶための参考文献・資料

◉岩佐和幸 執筆（2021）「フードビジネスとワーキングプア」冬木勝仁・岩佐和幸・関根佳恵 編『アグリビジネスと現代社会』筑波書房

外食・中食産業の多様な担い手
——コンビニオーナーとフードデリバリーの配達員

外食・中食産業は、実に多様な担い手に支えられている。中でも注目の的となっているのが、コンビニオーナーとフードデリバリーの配達員である。

コンビニは全国に5.6万店あり、年中無休の「眠らない店舗」として浸透してきた。その鍵が、フランチャイズ（FC）契約である。オーナーは本部と契約を結び、商標・サービス使用権や経営ノウハウの指導を受ける代わりにロイヤルティを支払う契約である。こうしてコンビニ本部は、リスク分散と利益還流を通じて規模拡大を図るビジネスモデルを構築してきた。

❹ウーバーイーツの配達員

しかし、企業の成長とは対照的に、現場のオーナーは苦境に立たされてきた。仕入れや営業時間、廃棄商品の値引きに至るまで自由裁量はなく、同一チェーンの近隣出店にも翻弄されてきたからである。しかも、会計処理の本部代行や高率ロイヤルティ、ロスチャージ（廃棄原価にロイヤルティを課す制度）に縛られ、契約更新も本部の判断次第である。そのため、公正取引委員会の2020年調査では、オーナーの3分の2が個人資産500万円未満もしくは債務超過に陥り、6割超のオーナーが「業務が辛い」と感じるとともに、満足度も半数に満たない結果があらわれた。つまり、FCオーナーの実態は、自営業者というより労働者に近いといえる。最近はオーナーの苦境が社会問題化し、経済産業省が対応に乗り出すなど、ビジネスモデルの再構築を迫られる段階を迎えている。

もう一つの話題が、フードデリバリーである。特に、コロナ禍を機に、スマートフォンを用いた飲食店の配達代行サービスが急成長している。代表格が、ウーバーイーツと出前館であり、配達員は15万人以上に及ぶ。ここでも鍵は、代行企業と配達員との非雇用関係である。つまり、ネットのプラットフォームを利用した経営契約であり、配達員は個人事業主として、音楽家の即興セッションのように単発仕事を請け負う「ギグワーカー」と位置づけられている。特にウーバーイーツは、バイクや自転車を保有する素人配達員を組織しているが（❹）、彼らに対等な力や自律性はなく、労働法や社会保険の適用からも除外され、不安定な就業状態に陥っている。

つまり、コンビニオーナーも配達員も、多くが高リスク・低リターンのワーキングプア状態に置かれているのである。最近は、当事者同士が労働組合を結成し、団体交渉と地位改善を目指す運動が展開されている。便利な暮らしの土台における人間らしい仕事の実現が、今後の課題である。

Theme 17 農林漁業で「働く」

外国人労働者を受け入れたら、農業の人手不足は解決できる？

執筆：岩佐和幸

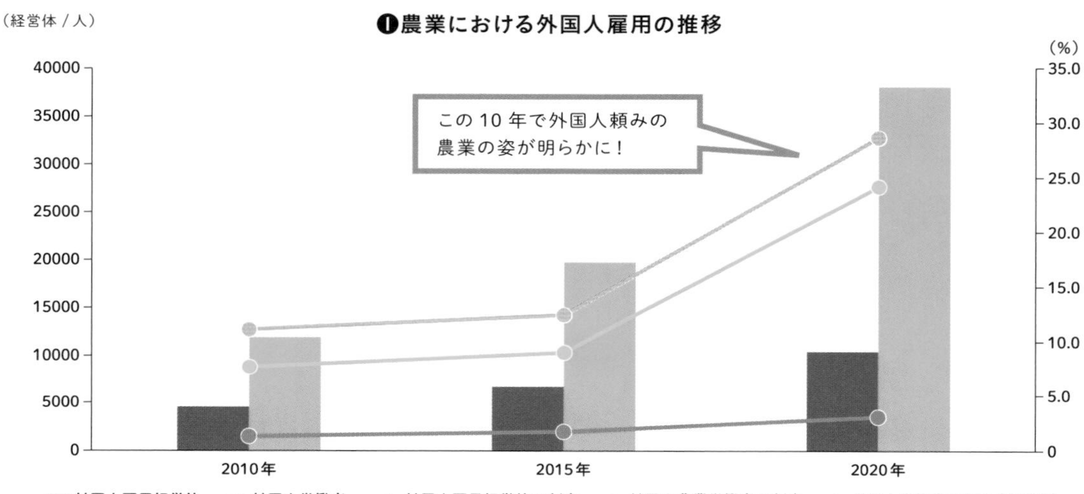

資料：厚生労働省『外国人雇用状況の届出状況』各年版、農林水産省『農林業センサス』各年版より筆者作成

みなさんの周りで、海外出身の人が増えたように思いませんか。

最近はコンビニや飲食店で、外国人の店員と接することが多くなりました。トムヤンクンやバインミー、ダルバートなどが味わえる本場エスニック料理店も、街中には増えています。でも、外国人が増えているのは、都市部だけではありません。実は、地方の農山漁村でも、野菜の収穫や水産加工などの現場で、外国人が貴重な「戦力」として重宝されています。

現在、日本では人口減少が話題になっていますが、地方ではこの問題が特に深刻化しています。東京一極集中の裏側で、農山漁村では全国的に過疎化が進み、その土地で暮らす人がだんだんいなくなっているのです。一次産業が衰退し、働き手が減る中、一次産業を維持するにはどうしたらよいかが、切実な課題になっています。

こうした問題の切り札として期待されているのが、アジア出身の若い人たちです。では、外国人労働者を受け入れたら、問題は解決するのでしょうか。考えていきましょう。

探究に役立つ関連キーワード

過疎化、労働力輸入大国、外国人技能実習生、農福連携、新たな関係をつくる

労働力としての受け入れから、人間同士の関係づくりへ

まず、日本農業の姿を見てみましょう。「農業経営体」とは、農業を営む農家や企業などを指します。この経営体の数が、15年間で半減しているのです。また、現場で働く農業従事者も、中心的役割を担う基幹的従事者も、同じく半減しています。

ただし、すべての生産者が落ち込んだわけではありません。労働者を雇い入れる経営体は、逆に3割近くも増えています。また、会社などの法人は6割増、経営面積5ha以上も1割増です。小さな家族経営が減少する一方、大規模な企業的経営は成長し、労働需要が伸びているわけです。しかし、農業従事者は減っていますので、現場で人手不足が起きているのです。

このような中、外国人労働者は、経営存続にとっての頼りの綱となっています(❶)。わずか10年で外国人を雇う経営体は2倍強、外国人労働者は3倍強も増えています。その多くは、「技能実習生」と呼ばれる人たちで、首都圏近郊や遠隔産地を中心に全国各地で働いています。出身国は、以前は中国がトップでしたが、最近はベトナムが首位に浮上し、カンボジアやミャンマーなどからもやってくるようになりました(❷)。

では、労働力の海外依存で、問題は解決するのでしょうか。現在、実習生の過酷な実態が国内外で問題視されています。また彼らが来なくなれば、日本の農業が成り立たなくなるかもしれません。外国人労働者は、生身の人間です。労働力ではなく、地域の住民として受け入れ、新たな関係をつくることが求められています。

❷農業技能実習生の国籍別構成

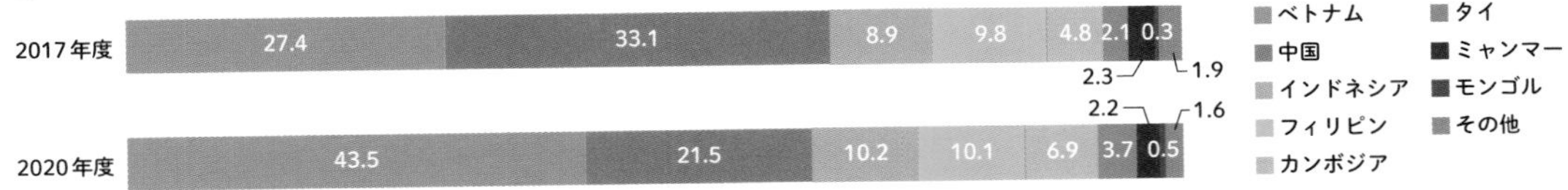

資料：外国人技能実習機構(2021)『令和2年度業務統計』より筆者作成

調べてみよう

- □ 外国人技能実習生とは、どういう存在なのだろうか。関連する本を探して読み、じっくり考えてみよう。
- □ 農業の人手不足は、生産者だけの問題ではなく消費者の問題でもある。この問題を解決するには、どのような方法があるだろうか。

「食料輸入大国」から「労働力輸入大国」へ
――外国人技能実習生と日本農業

日本の農業は、今世紀以降大きな変貌を遂げてきた。グローバル競争と農業の衰退、「攻めの農政」と生産者の大小二極化、そして労働力の海外依存である。日本は、食料自給率が4割に満たない「食料輸入大国」であるが、今や労働力も海外に頼る「労働力輸入大国」の段階に入っている。

外国人労働力の柱は、技能実習生である。技能実習制度とは、途上国の若者を受け入れて日本の技術を修得させる研修制度が源流であり、1990年代より農家でも受け入れが可能になった。農業は、技能実習生の職種別就業先で1割を占め、低賃金・野外作業という産業特性を背景に、園芸・畜産などで受け入れが拡がっている(❸)。一方、実習生は、単身で3年間（現在は5年まで可）滞在するが、家族帯同や実習先の変更は認められず、修了後は帰国を迫られる。その中で、農場と宿舎を往復しながら、仕送りを通じて来日時の借金返済と将来に備えた貯蓄を目指すことになる。

では、外国人労働力の導入は、何をもたらしたのだろうか。雇う側では、収量増や世代交代などの効果が多く語られている。しかし、実習制度は囲い込まれた労働・生活ゆえに労働法違反や人権侵害の温床となり、国内外で「強制労働」との批判を浴びてきた。2017年に技能実習法施行を通じて当局の監督強化が図られたものの、問題は解消せず、2022年末にはついに制度見直しの検討が始まった。実習生の中には無言の抵抗として「失踪」に踏み切る者があらわれる一方、農業での非正規就労も後を絶たない。実習生と経営側ともに追い詰められた姿が推察される。

加えて、外国人依存の限界も見えてきた。外国人労働力の導入は、あくまで国際的経済格差が前提である。しかし、中国からベトナムへの送出国シフトが示すように、現地の経済発展で格差が縮小すれば、新たな給源を求めざるを得ない。と同時に、労働者の吸引に伴う現地家族・地域への影響も見逃せない。さらに、コロナショックのような異変が起きれば、来日が途絶え、食料安全保障リスクが生じるおそれもある。

2019年より、在留資格「特定技能」による労働力受け入れが始まった。今後は、人手不足の穴埋め＝労働力商品の受け入れではなく、共に暮らす住民としてどう受け入れ、新たな関係をつくるかが問われてこよう。

❸技能実習生と失踪者の職種別構成（2020年、%）

	農業	漁業	建設	食品製造	繊維・衣服	機械・金属	その他
技能実習計画認定件数	9.1	0.9	22.5	19.0	5.9	14.2	28.3
技能実習生失踪者数	11.0	1.1	45.8	8.6	6.5	7.7	19.4

資料：外国人技能実習機構（2021）『令和2年度業務統計』、出入国在留管理庁（2021）『職種別技能実習生失踪者数』より作成

もっと学ぶための参考文献・資料

●岩佐和幸 執筆（2021）「農業労働力のグローバル化 ―食料輸入大国の新展開―」
冬木勝仁・岩佐和幸・関根佳恵 編『アグリビジネスと現代社会』筑波書房
●農政ジャーナリストの会 編（2021）『農業と福祉 その連携は何を生み出すか（日本農業の動きNo.209）』農文協

解説2 生きづらさを乗り越える農業労働の可能性
――農福連携の展開と課題

近年、農業分野と社会福祉分野がコラボレーションする「農福連携」への期待が集まっている。農業では人手不足が、福祉分野では当事者の就労先の不足や生きづらさが問題になっている。そこで、障がい者や生活困窮者などの就農を通じて、彼らの生きがいや社会参画につなげ、農業と福祉双方の課題解決を目指す取り組みが、各地で拡がっているのである。

農業は、自然と人間の物質代謝を通じて食料を得る本源的な営みであり、自然と関わり生命を育てる創造活動である。したがって、財貨獲得をこえた癒やしや健康増進などの農業の福祉力が注目され、園芸療法などの実践が行なわれてきた。その後、障がい者の農業雇用が進む中、2015年に「農福連携」への表記統一、2016年の「日本再興戦略」や翌年の「未来投資戦略」を経て、2019年の農福連携等推進会議と「農福連携ビジョン」を軸に政策的に推進されるようになった。農業者雇用や福祉事業所の参入・請負を中心に、2021年には5509件の取り組みが行なわれている。

では、どのような形で展開されているのだろうか。高知県の例では、過去3年で受入先の農業経営体数が1.6倍、受け入れ人数が2倍へと増加した（❹）。その先駆けが、施設園芸の産地・安芸市での取り組みである。自殺予防支援の過程でひきこもりの人を農園につないだのが出発点であり、当初のナス農家11件、16人の雇用から、作業所設立を経て、農家以外を含む29件、105人まで拡がっている（2022年）。その特徴は、福祉機関・行政・JAなどが緊密なネットワークをつくり、研究会を通じて関係者が同じ目線で課題を理解し、現場でもきめ細かな支援体制を築いていることである。農業が当事者の特性に適合し、副産物的に人手不足の解消にもなっており、希望者増に加えて、農福をこえた域内連携も拡がっている。

❹高知県における農業分野での障がい者などの就業状況の推移

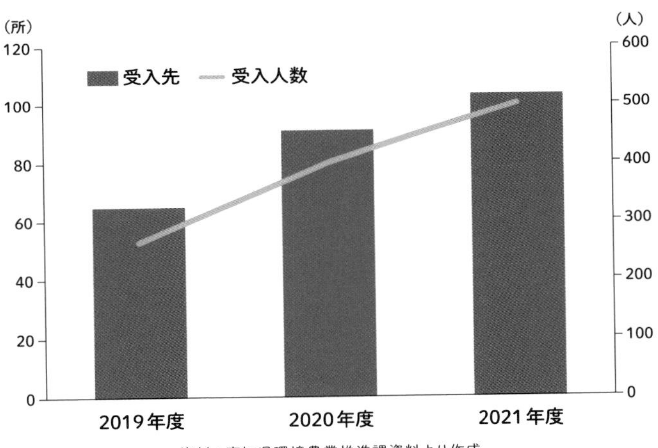

資料：高知県環境農業推進課資料より作成

このように、農福連携がケアから就農へ展開し、農業活性化ならびに生きづらさを抱えた人の居場所づくりになっているのである。今後の課題は、農福連携への理解者を増やすことであるが、そのためには農業の位置づけが社会の中で変わることと、地に足のついた支援を続けることが欠かせない。政府は2024年度までの5年で、新規の農福連携3000件という目標を設定しているが、数値目標にとらわれず、当事者に寄り添い、新たな関係をつくる実践の継続が求められている。

Theme
18 タネを採ることと種子を買うこと

タネは誰のもの？

執筆：田村典江

❶農家の自家採種の慣行

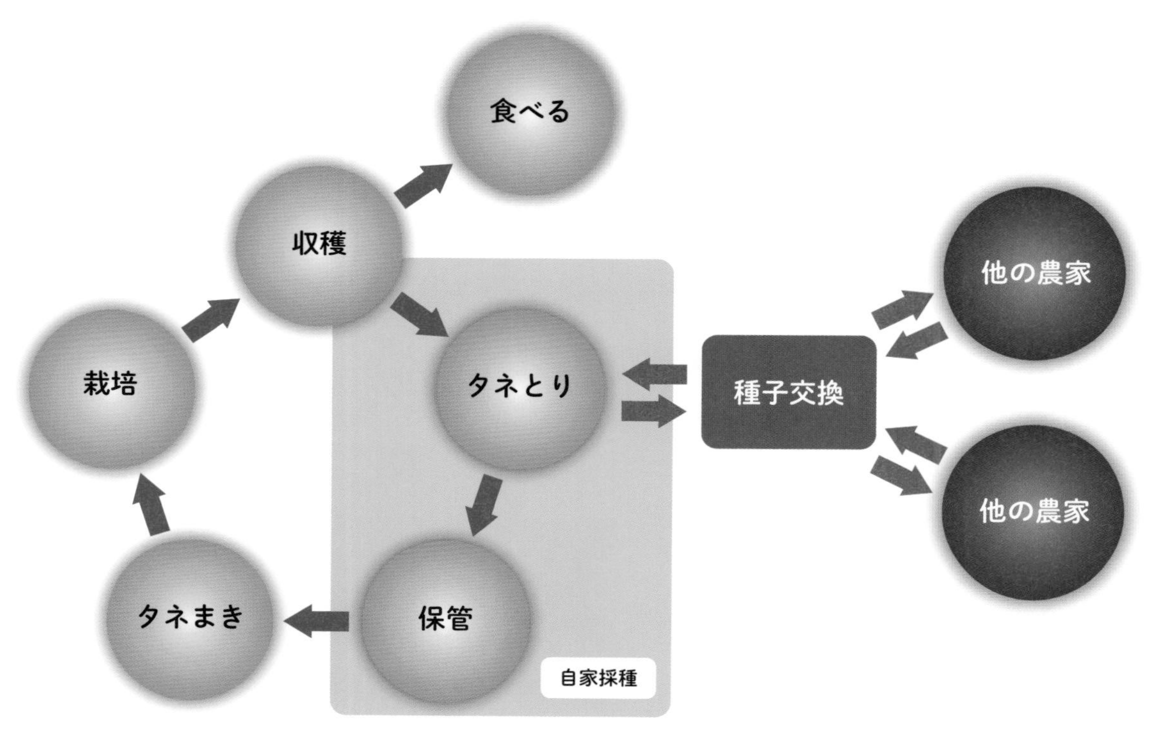

農業にとって欠かせないタネ。かつて農民は、タネを播いて育てること、作物に花を咲かせてタネを採ること、新たな品種を開発することのすべてを行なっていました(❶)。しかし、現在の農業生産者は、もっぱらタネを購入して育てる存在になり、タネを採って販売する過程は種苗会社、新品種の開発は種苗会社や農業試験場の役割になっています。タネは、新品種の開発者、発売元である種苗会社、購入して栽培する農家のうちのいずれのものでもあり、誰のものでもありません。というのも、タネには複雑な性格があるからです。

探究に役立つ関連キーワード

タネ、種苗法、品種登録制度、知的財産権、遺伝的多様性

タネの本質は「みんなのもの」であること

農家は、種苗会社が生産・販売するタネを商品として購入し、栽培します。「種苗会社のもの」だったタネは、購入により「農家のもの」になります。その後、農家は購入したタネを田畑に播くこともできますし、瓶に入れて保管することもできます。

しかし、そのタネが新たに育成され登録された品種のものである場合、育てた作物からふたたびタネをとって田畑に播くことはできません。種苗法という法律にもとづく品種登録制度によって、新しい品種を育成した人の権利が保護されているからです。これは、漫画や小説の購入者である読者が、個人で楽しむことができても、勝手に複製して販売してはいけないのと同様の仕組みです。

タネの品種登録の対象は新たに開発されたもののみで、すでに広く栽培されているものは登録できません。また、登録には有効期間があり、一定の期間が過ぎると、登録品種であっても自由にタネを採って栽培できるようになります。

現在、私たちの食卓に上る農産物のほとんどが、日本以外を起源地としています。旅先で珍しい野菜を見た人がそのタネを求め、交換し、そして持ち帰って自身の土地で育てることを繰り返して、農作物は多様性を増し、分布を広げてきました。私たちが毎日食べている穀物や野菜、果物の多様性は、自然と人間の協働の結果であり、無数の名もなき人々の営みを通じて築かれてきたものです。

商品としてのタネは所有権によって、新たに開発された品種のタネは知的財産権によって、特定の誰かのものと言うことができるでしょう。しかし、タネの本質である遺伝的な多様性は、農の営みを通じて歴史的に築かれてきたものです。命の源である食べものの、さらに源であるタネ。タネの独占は人類共通の遺産に対するただ乗りであり、食への権利を脅かす行為です。商品としてのタネの流通を認めつつも、タネの本質はみんなのものと認識することが重要です。

調べてみよう

- □ **食卓に上る野菜の起源地を調べてみよう。日本原産のものはどのくらいあるでしょうか。**
- □ **自分が好きな野菜や果物の「登録品種」にはどのようなものがあるだろうか。品種が誰の手でつくられたかなど、その経緯を調べてみよう。**

解説1　育種家の権利、農民の権利、国家の権利

品種改良によって、味や見た目が優れていたり、病気や害虫への抵抗性が高かったりする作物が生み出されることは、私たちの生活を豊かにし、産業の振興に寄与する。しかし、新品種の育成には通常、長い時間と多額の投資が必要であるので、作り出された品種が制限なく広まると、品種の育成者は開発に要した費用を回収できず、さらなる品種改良に取り組む意欲が減退する。

そこで種苗法では、品種育成の振興を図るという目的に則り、品種登録制度を設けている。新たな品種を育成した者は農林水産省に出願し、審査を受ける。審査の結果、新品種であると認められると、品種登録され、出願者に育成者権が付与される。登録された品種の種苗の利用には育成権者の許諾が必要であり、無断で栽培したり海外に持ち出したりすることなどは、法によって制限されている。なお、種苗法は「植物の新品種の保護に関する国際条約（UPOV条約）」の国内法としての位置づけを持っているため、品種登録制度は国際的な枠組の一環と言える。

25年ないし30年という権利の存続期間が定められていることや、権利に基づく利用料の設定が可能なことからもわかるように、育成者権は特許や著作権と似た形を持っている。種苗法およびUPOV条約は、知的財産権の視点から育種家の権利を保護する制度とみなすことができるだろう。

ところで育種家は、既存の植物を素材として新たな品種を開発する。音楽の場合、既存の音源をサンプリングして新たな楽曲を制作する場合、素材となる音源の権利者に許諾を得ることが必須となりつつあるが、では、育種素材となる遺伝資源の権利者とは誰なのだろうか。

ここには二つの切り口がある。ひとつは「生物多様性に関する条約（CBD）」によるものである。CBDでは、人間の利用を前提に、地球上のすべての生きものの多様性の保全を目指しているが、その権利については国家の主権を認めている。したがって、ある地域に固有の生物を育種素材として利用する場合、国家による許諾が必要である。

もうひとつの切り口は「食料及び農業のための植物遺伝資源に関する国際条約（ITPGR）」に取り上げられている「農民の権利」である。ITPGRでは、農民が田畑で作物を育てる営みが、品種の遺伝的多様性の保全や増大に貢献していると認識し、利益の衡平な（つりあいがとれていること）配分や、伝統的知識の保護、政策決定への参加について権利を持つとしている。

したがって「タネは誰のものか？」という問いには、育種家の権利、農民の権利、国家の権利といった異なる枠組みに立脚する複数の視点が併立していることに注意してほしい。

もっと学ぶための参考文献・資料

●菅洋 著（1987）『育種の原点――バイテク時代に問う』農文協
●西川芳昭 著（2017）『種子が消えれば、あなたも消える――共有か独占か』コモンズ
●西川芳昭 編著（2022）『タネとヒト――生物文化多様性の視点から』農文協

解説2 減少する品種の多様性

品種とはある一定の特徴によって区別される作物または家畜の単位を意味する。ダイコンを例にとると、練馬大根、三浦大根、聖護院大根、桜島大根などが品種である（❷）。多くの場合、特定の品種は特定の地域の気候風土のもとで栽培され、地域の食文化を形成してきた。したがって品種の多様性は、生物多様性であると同時に文化多様性でもある。

❷江戸東京の伝統野菜の一種「練馬大根」（撮影：矢郷 桃）

生物多様性条約の発効やSDGsの目標15「陸の豊かさを守ろう」など、生物多様性は保全されるべき課題という認識は高まっている。しかし、絶滅危惧種や貴重な生態系の保全に比べて、栽培植物の品種の多様性保全についてはあまり意識されていない。

実は栽培植物の品種の多様性は、20世紀を通じて減少の一途をたどっている。国連食糧農業機関（FAO）は、100年間のうちに世界中で多様性のおよそ75％が失われたと推計している。日本も例外ではなく、イネは、明治初期には約4000種類が栽培されていたが、2005年には、作付面積500ha以上の栽培がある品種は88品種に減っている。さらに収穫されるコメの3分の2がコシヒカリとコシヒカリに由来する系統で占められている。

なぜ品種の多様性が減少するのだろうか。理由の一つは改良された育てやすく収量の多い品種が生産者に好まれ、在来種に置き換わるといった農業の技術発展である。しかし多くの場合、品種の多様性の減少は、農業現場のみではなく、政治、経済、環境など多様な要因が複合して進む。コメを例にとってみると、まず、戦後は食糧難対策として増産が重視されたため、収量の多い品種や化学肥料への耐性の高い品種が普及した。次いで高度経済成長期に入り農作業の機械化が進むと、機械での作業しやすさが品種選択の観点に加わった。さらに1960年代後半に自給が達成されるとコメ余りの状況に転じ、コメ産地間の競争が激しくなったために、食味を重視する品種が広がった。生産段階ではなく消費段階での価値が品種の普及に影響するように変化したのである。

コメに限らず現代の農産物流通は、広域的な流通および量と質の安定供給が前提となっていて、生産性が低い品種やニーズに偏りがある品種は歓迎されない。消費者の食の好みや買い物行動と流通の仕組みなどが、特定の品種に栽培が集中する構造をつくっているともいえる。

特定の品種に栽培が集中すると、その作物の生産は環境の変化や病害虫の流行に対して脆弱になる。また新たな品種は既存の品種から作りだされるため、品種の多様性の減少は新品種開発の障害にもなる。気候変動など地球環境の変化が激しい現代において、品種の多様性をどう維持していくのかは喫緊の課題であるが、そのためには生産のあり方だけではなく、消費や流通の仕組みも含めた再検討が必要だろう。

Theme 19

ロボットや植物工場が農業の危機を救う?

スマート農業で技術革新を進めれば、日本農業の課題は解消できるの?

執筆：芦田裕介

（撮影：依田賢吾）

水田で利用されるスマート農業の一例
❶自動運転の田植え機による無人田植え（左）
❷農薬散布などに利用されるドローン（上）

日本の農業においては、担い手の高齢化が急速に進み、労働力不足が深刻です。日本政府は、この課題を解決するためにロボット技術や情報通信技術（ICT）などの先端技術を活用した「スマート農業」を推進しています。具体的には、トラクターや田植え機が無人で走行する「ロボット農業機械（❶ ❷）」、屋内で栽培に必要な環境をすべてコンピューターで制御して農産物を生産できる「植物工場」などがあります。こうした技術の活用により、農作業における労力の軽減や生産性の向上が期待されています。

しかし、スマート農業には多くの問題もあります。スマート農業の推進によって日本農業の課題が解決され、魅力的なものになるかどうかは未知数です。

探究に役立つ関連キーワード

スマート農業、ロボット農業機械、植物工場、農作業の省力化、農業労働力の確保

スマート農業は手段の一つ、現場の課題を解決する技術を

スマート農業には、さまざまな利点があります。たとえば、スマートフォンで操作する水田の水管理システム、リモコンで遠隔操作する草刈機などは、従来の大変な作業を自動化して労力を省くことができる技術です。農作業の記録をデジタル化し、蓄積したデータを活用することで、熟練者でなくても生産活動を行ないやすくなります。さまざまなデータを分析し、作物の生育状況や病虫害を予測することもできます。

一方で、問題点もあります。ロボット農業機械や植物工場のような先端技術を導入・維持するためには多額の資金が必要です。また、自然を相手にする農業では予測できないことが多く、地域や作物に応じた技術開発も難しいです。なにより、先端技術を利用するためには、利用者がそれに対応した知識や技能を身につける必要がありますが、農業従事者の高齢化が進んでいる状況では簡単にはいきません。多くの先端技術は、誰でも使える技術とはいえないのです。

政府はスマート農業の推進により農業のイメージを向上させ、新規就農者の増加を目指しています。ただし、農業の自動化や無人化を進めることは、結果的に農業の現場から人を減らすことになるのではないか、という危惧もあります。スマート農業技術は、あくまで課題を解決するための手段の一つにすぎず、推進すれば農業が魅力的になるとは限りません。

大事なことは、実際に農業に関わっている人たちが抱える課題を解決し、農業がより魅力的なものになることです。そのためには、政府や一部の専門家が主導するのではなく、農業者が中心となって、現場において必要な技術や魅力的な農業のあり方を考え、実際の技術に反映していくことが重要です。

調べてみよう

- □ **どのようなスマート農業技術が実際に導入されているか、調べてみよう。**
- □ **現場の農業者にとって必要な技術とはどのようなものか、調べてみよう。**
- □ **魅力的な農業のあり方とはどのようなものだろうか。**

解説1 スマート農業推進の背景

スマート農業は、ロボット技術やICTなどの先端技術を活用した農業のことであり、2010年代以降に日本政府によって積極的に推進されてきた。農林水産省がスマート農業を推進する背景には、「担い手不足や高齢化が進展するなか、生産力の向上と持続性の両立を図り、若者にとっても魅力のある産業としていくために、デジタル技術を活用したスマート農業を推進していくことが必要である」という認識がある。2013年に「スマート農業の実現に向けた研究会」が発足し、ロボット技術やICTの導入によりもたらされる新たな農業の姿を以下の5つの方向性に整理した。

超省力・大規模生産の実現	作物の能力を最大限に発揮させる	きつい作業や危険な作業からの解放	誰もが取り組みやすい農業を実現する	消費者・実需者に安心と信頼を提供する
トラクターなどの農業機械の自動走行の実現により、従来の農業における作業能力の限界を打破することを目指す。	センシング技術（装置を使用して様々な情報を計測して数値化する技術）や、過去のデータを活用したきめ細やかな栽培（精密農業）により、従来にない多収・高品質生産を実現することを目指す。	収穫物の積み下ろしのような重労働をアシストスーツにより軽労化、負担の大きなあぜなどの除草作業を自動化することなどを目指す。	農業機械の運転アシスト装置、栽培ノウハウのデータ化などにより、経験の少ない労働力でも対処可能な環境を実現することを目指す。	生産情報を提供・共有するシステムによって、産地と消費者・実需者を直接結び付けることを目指す。

資料：農林水産省「［スマート農業の実現に向けた研究会］検討結果の中間とりまとめ（平成26年3月28日公表）」より筆者作成

こうした方針を踏まえ、2019年から全国でスマート農業技術の実証実験が進められており、先進的な農業経営体を中心に導入がなされている。スマート農業推進の背景には、ICTを経済成長に結び付けようとする政府の戦略があり、農業以外の異業種で先端技術の活用が進展するなかで、農業分野にもそれを適応するという発想がある。つまり、政府や経済界の要請によって推進されてきた部分がある。そのため、現場の農業者からは、スマート農業といっても「よくわからない」「縁がない」という声も聞こえてくる。ゆえに、本当に現場で必要な技術が開発・普及されているのかという点については、慎重に検討していかなければならない（❸ ❹）。

❸中山間地域の草刈り作業の風景（左）と、❹リモコン式草刈りロボット（右）。技術ありきでなく、現場で本当に必要な技術の見極めが大切

もっと学ぶための参考文献・資料

●農林水産省「スマート農業」 https://www.maff.go.jp/j/kanbo/smart/#sien
●農業情報学会 編（2019）『新スマート農業―― 進化する農業情報利用』農林統計出版

解説2 スマート農業の課題と可能性

スマート農業には多くの課題がある。

第一に、農業技術は工業とは異なり、生物や自然を主な対象とするため、外部環境の変化を予測することが難しい。ゆえに完全な自動化や制御は簡単ではなく、不具合も起きやすい。そのため、人間によるメンテナンスが重要であり、そのための知識・技術を身に付けた人材を育成し、問題が起きた際に迅速に対応できる体制を整えなければならないが、現状では不十分である。

第二に、経済性の問題がある。特に大規模な設備の導入には高額な費用がかかるため、スマート農業を導入したからといって高収益になるとは限らない。植物工場を例に挙げると、日本施設園芸協会の調査によれば、2021年において、運営コストが大きくなりやすい人工光型の植物工場については、半数以上が不採算経営となっている。政府の補助金によって過大な生産設備が導入された場合には、運営コストがかさんで赤字になり、事業を廃止する企業が増加したため、近年では補助金も縮小傾向にある。

第三に、農業者のICTに関するリテラシーの問題がある。農業の世界において、多くの農業者は先端技術に対応する能力が高いとはいえない。特に、高齢者になると先端技術を使いこなすのは困難なことも多く、技術の普及も容易ではない。また、技術開発においても、先端技術の専門家が中心となって進められるため、農業の現場で求められている技術とはズレが生じやすくなる。

スマート農業というと、ロボット農業機械や植物工場のような「派手」な技術が注目される傾向があるが、こうした技術は上記の問題点もあり、誰もが利用しやすい技術とはいえない。一方で、「水管理」「草刈り」のように、労力がかかる作業を軽減してくれる技術は、どのような現場でも需要が大きい。一見すると「地味」だが、こうした使いやすい技術の普及は、農業の課題解決につながるといえる。

自然条件に左右される農業には、地域ごとの多様性がある。たとえば、平野と中山間地域では、自然条件も社会的な状況も異なる。環境に適合した農業技術の導入は容易ではなく、過去にも農業の機械化を推進したことで、農作業の省力化が進んだ一方で、過剰なコストが農業経営を圧迫するという問題が生じたこともあった。新しい技術を活かすためには、それを活用する人間の側が地域ごとに異なる農業の課題を正確に理解し、その将来を展望することが必要である。そして、農業者と専門家が課題解決のために協働することが求められる。

Theme 20

フードテック
――代替タンパク質は食料危機を回避するか?

フードテックで代替タンパク質を生産すれば、食料危機は回避できるの?

執筆：関根佳恵

❶フードテックで代替タンパク質を作る様々な手法と主要企業

手法	製品化された例
植物性原料のタンパク質を利用する	豆腐バーガー、大豆ミート、ビーガンチーズなど
昆虫由来のタンパク質を利用する	コオロギパウダー入りのスナック、ペットフード、ミールワームなど
微生物由来のタンパク質を利用する	スピルリナなどの藻、乳清タンパク質の遺伝子を導入した菌など
動物の培養細胞からタンパク質を生成する	培養肉など

主要企業		
主要企業	大手企業の例	ネスレ、ダノン、ユニリーバ、タイソンフーズ クルーガー、テスコ　など
	スタートアップ企業の例	Beyond Meat、Impossible Foods、Meati Foods（菌類）、Califia Farms（代替ミルク）、Mosa Meat、Perfect Day、Essento、インテグリカルチャー、タベルモ（スピルリナ）　など

資料：TechnoProducer 掲載資料を元に筆者作成　https://www.techno-producer.com/column/alternative-protein/
（撮影：市村敏伸）

人口増加と経済成長により、動物性タンパク質への需要が増大すると見込まれていますが、食肉生産を拡大すると熱帯雨林が伐採されたり、温室効果ガスを排出したりしてしまう懸念があります。環境を守りながらタンパク質への需要を満たすために、大豆などの植物や昆虫などから作る代替タンパク質が注目されています。日本でも代替タンパク質のハンバーガーやフライドチキンが販売されています。フードテックと呼ばれる新しい技術によって世界の食料危機が回避されると期待する声もありますが、食料危機は技術革新だけでは解決できません。なぜなのか、詳しく見ていきましょう。

探究に役立つ関連キーワード

フードテック、代替肉、培養肉、昆虫食、食料危機

フードテックだけでは解決できない食料危機

フードテックとは、フード（食）とテクノロジー（技術）を組み合わせた造語です。最先端の技術を駆使して新たな食品や調理方法などを考案して、食の環境を変えていくことを意味します。近年注目されている代替タンパク質は、その代表例でしょう（❶）。

フードテックへの投資額は2010年代半ばから世界的に急拡大しており、市場は今後も拡大すると予測されています（118ページの❷）。代替タンパク質とは家畜由来の食肉やミルクの代わりとなるタンパク質のことで、原料は植物や昆虫、微生物などです。動物の細胞を培養して作る培養肉や、それを3Dプリンターで成型する技術もあります。食肉だけでなく、ミルク、チーズ、魚肉や魚卵も代替品が作られています。技術開発が進み、味、香り、食感、見た目で本物との違いが分からない商品も登場しました。スタートアップ企業だけではなく、大手企業も次々とこの市場に参入しています（❶）。

代替タンパク質への需要が伸びる背景には、世界的な食料危機への懸念があります。人口増加や経済成長による動物性タンパク質への需要の高まりによって、将来的にタンパク質の供給が需要に追い付かなくなる可能性があるため、代替タンパク質への期待が高まっています。でも、代替タンパク質の製造には、生物の遺伝子を操作するゲノム編集技術や食品添加物などが用いられる場合があり、安全性に対する懸念の声もあがっています。また、少数の大手企業が食品市場を占有する独占や寡占の問題は、最先端のテクノロジーでも解決できません。そもそも、地球上ではすべての人が飢えないだけの食料がすでに生産されていますが、その3分の1が廃棄され、9人に1人が飢えています。こうした社会経済構造の問題を変えることが、食料危機の克服にとって最も重要です。

調べてみよう

- □ **ファストフード店やコンビニ、スーパーなどで代替肉は売られているでしょうか。従来の食肉との違いを調べてみよう。**
- □ **日本では、豆腐、納豆などの伝統食品から植物性タンパク質を摂取してきました。代替肉とはどのような違いがあるだろうか。**
- □ **人類と食肉文化は今後どのような方向に向かうべきだろうか。みんなで議論してみよう。**

代替タンパク質の市場が急成長する背景

代替タンパク質への需要が拡大する背景には、食料危機への懸念がある。世界人口は80億人（2022年）から104億人（2080年）まで増えると見込まれるうえに、経済成長によって動物性タンパク質への需要が高まるため、世界的に供給が不足すると予測されている。

食肉や乳製品の生産拡大のために家畜の飼養頭数を増やせば、そのために必要な農地、水、飼料も増大し、新たに牧場を開設するために熱帯雨林が伐採されると危惧されている。人間の食用にできる穀物を家畜の飼料にすれば、栄養不足に陥る人が増える。牛のゲップに含まれるメタンガスは、二酸化炭素の28倍の温室効果を持つため、気候変動も促進される。さらに、狭い畜舎の中で密集して多数の家畜を飼養する工業的畜産のあり方は、動物の福祉（アニマルウェルフェア、86ページ参照）の観点から問題視されており、飼料に残留する農薬、病原性微生物、抗生物質などによる生態系や食品安全への懸念、食肉の摂取過多による健康リスクも指摘されている。そのため、動物性タンパク質の摂取量を減らし、植物性タンパク質の摂取量を増やすことが、近年、国際的に推奨されている。

こうした流れに対応して、気候変動や動物の福祉に対応しつつ食料危機を回避するための手段として、フードテックによる代替タンパク質の供給が注目されている。植物性タンパク質の代替肉製造に参入している企業は、2018年に15社だったが、2019年には約100社、2020年には約200社へと増加している。代替タンパク質の世界市場は、3900億円（2022年）から3兆3100億円（2030年）へと8倍以上に拡大するとの予測もある（矢野経済研究所調べ）。

米国では、マイクロソフト社の創業者のビル・ゲイツ氏や俳優のレオナルド・ディカプリオ氏などの著名人も代替タンパク質を製造する企業へ投資しており、フードテックがSDGsや持続可能性に貢献するという期待が高まっている。

❷フードテックへの投資額の推移

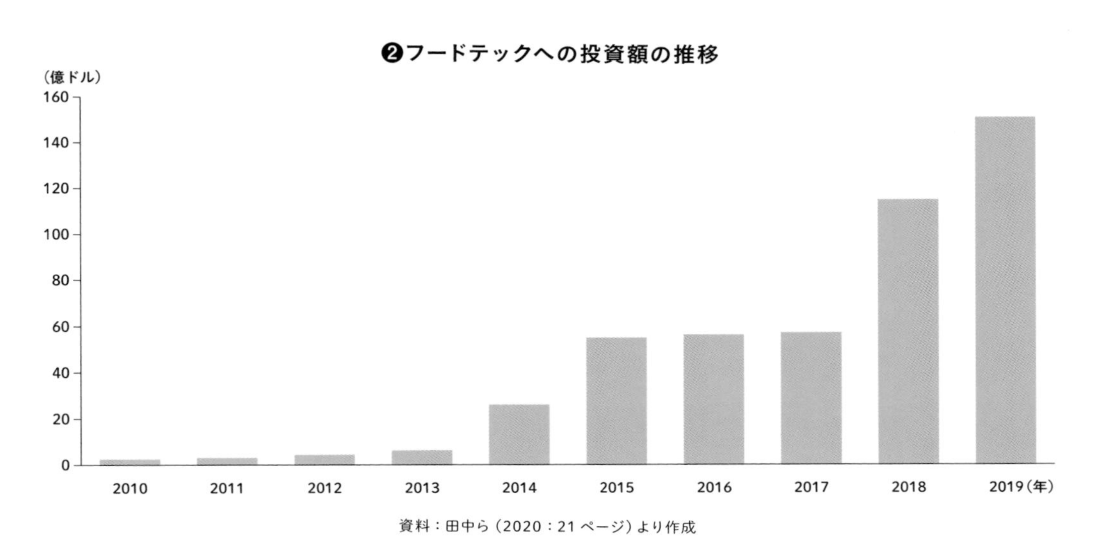

資料：田中ら（2020：21ページ）より作成

もっと学ぶための参考文献・資料

●田中宏隆・岡田亜希子・瀬川明秀著、外村仁 監修（2020）『フードテック革命』日経 BP
●ポール・シャピロ 著、ユヴァル・ノア・ハラリ 序文、鈴木素子 訳（2020）『クリーンミート――培養肉が世界を変える』日経 BP

解説 2　食料危機の回避に必要なのは？

たしかに、現在の工業的畜産のあり方は持続可能とは言い難く、根本的な見直しが必要である。しかし、代替タンパク質の生産にフードテックは必須なのだろうか。植物性タンパク質や昆虫由来のタンパク質は、すでに世界各地の伝統食に根付いている。日本では、豆腐や煎り豆、がんもどき、納豆、油揚げ、おから、豆乳などの多様な食品から植物性タンパク質を摂取してきたし、ハチの子やイナゴなどを食べる食文化もある。海外でも豆のスープや全粒穀物、野菜、木の実などから植物性タンパク質を摂取したり、昆虫を食用にしたりしている。食料危機を回避するためには、こうした地域に根差した伝統食を復活させ、普及していくことがより重要ではないだろうか。

代替タンパク質を製造するためのフードテックには、様々なテクノロジーが用いられているが、その中には生物の遺伝子を操作するゲノム編集技術（124 ページ参照）や食品添加物（120 ページ参照）などの安全性への懸念がある技術が含まれている。国・地域によっては、こうした技術によって製造されたことを食品ラベルに表示する義務がないか規制が不十分であるため、消費者が自らの判断で自らが食べる食品を選択することができないという問題もある。

さらに、スタートアップ企業を大手の多国籍企業が相次いで買収している。少数の巨大な企業が食品市場を独占・寡占することによる弊害は、フードテックがどんなに発展しても解決することができない。GAFAM（Google、Apple、Facebook〈現 Meta〉、Amazon、Microsoft）と呼ばれる巨大 IT 企業の市場独占が民主主義への脅威として問題視されているように、食の分野においても数社の多国籍企業が圧倒的な市場シェアを持つことは、食の民主主義の問題として批判されるようになっている。「フードテックが食の持続可能性を実現する」という評価は一面的に過ぎる。

食料危機を回避するためには、技術革新を偏重することなく、工業的畜産のあり方を見直し、大量の食品廃棄・食品ロスを生み出す社会経済構造の問題を解決していく必要がある。そのためには、地域に根差した伝統食の普及や、地域分散型の食料生産・消費のあり方へ転換していくことがより重視されるべきだろう。

納豆などの多様な大豆製品は
古くからのタンパク源

長野県で伝統的に行わる
地蜂堀りでハチの子をとる

山間部を中心に郷土食として根づく
イナゴの佃煮

Theme 21

農薬・化学肥料・食品添加物の規制と安全性

食べものと一緒に、合成化学物質も摂取しているって、ホント?

執筆：木村-黒田純子

❶慣行農業と自然栽培や有機農業による栽培方法の違い

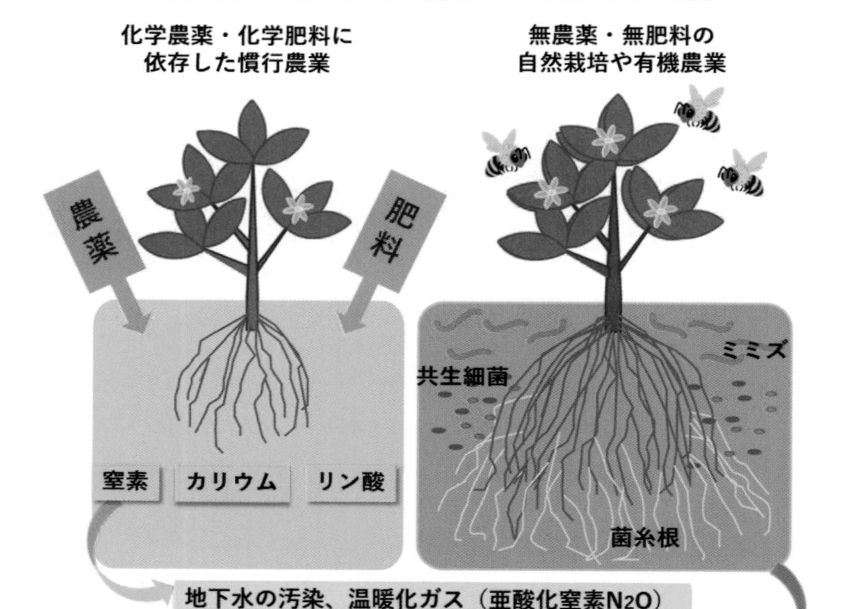

私たちが食べている農産物や食品をつくる際には、いろんな合成化学物質が使われています。それは、農産物に使われる農薬や肥料、加工食品に使われる食品添加物のことです。

たとえば農薬は、農作物の防除に用いられる殺虫剤、殺菌剤、除草剤などの総称で、有効成分は約 590 種、製剤は約 4000 種あります。肥料は、農作物の成長に必要な栄養分で、三大要素はリン酸、カリウム、窒素です。昔は天然の農薬や肥料を使っていましたが、合成化学の研究が進み、日本では 1950 年頃から効き目の強い化学農薬や化学肥料を使い始めました。しかし、効き目はあったものの、問題も出てきています。

探究に役立つ関連キーワード

ミツバチの大量死、浸透性農薬、ネオニコチノイド、農薬再評価、みどりの食料システム戦略

農薬と肥料は使い続けてよいのか

DDTなどの有機塩素系農薬は、大量使用した後で生態系や人への毒性、難分解・蓄積性がわかり、1970年頃に世界中でほぼ生産禁止になりましたが、分解しにくいため、今も環境汚染が続いています。農薬は何らかの生物を殺す殺生物剤なので、農薬取締法で規制され、基準内で使用することになっていますが、安全は保障されているのでしょうか。

農薬の登録審査では、多種類の毒性試験が実施されています。ですが科学研究でわかってきた新しい毒性や複合影響は調べられず、使用した後で悪影響がわかることがあります。ネオニコチノイド系などの浸透性農薬の大量使用は、世界中でミツバチの大量死や、生態系に悪影響をおよぼし、人、ことに子どもへの影響が懸念されています。浸透性農薬は、植物全体に浸透するので殺虫効果が高く、残留すると洗っても落ちません。

化学肥料にも問題があります。植物は本来、根を張り共生細菌やミミズなどが分解した土壌中の栄養を取り込みますが、化学肥料を使うと、植物は簡単に栄養を取り込めるので、根を伸ばしません（❶）。効き目の強い化学農薬と化学肥料で土壌の生物が死に、生態系が壊れてしまうのです。人は自然界の一部であることを忘れてはなりません。

解決策として、植物本来の生命力を活かした無農薬・無肥料の自然栽培や、天然由来の農薬や肥料を使用した有機農業を進めることで、地球環境を守り持続可能な生態系を維持できる可能性があると、世界中で取り組みが進んでいます。

また食品添加物は、食品の製造加工、保存などの目的で食品に加えられるものです。豆腐のにがりのように製造に必要なものもありますが、人工色素、香料、甘味料、保存料など毒性が懸念されているものもあります。食品添加物は食品衛生法にのっとり基準内で使用されていますが、基準を決める毒性試験は不十分で、発達神経毒性や複合影響は調べられていません。食品は素材の味を大事にして、不要な添加物は使わないで欲しいものです。

調べてみよう

- □ 環境汚染を起こさない持続可能な農業には何が必要でしょうか。
- □ 地球温暖化を起こす物質には何があるでしょうか。
- □ 加工食品に使われている食品添加物には どのようなものがあるでしょうか。

化学農薬の毒性試験の課題

農薬（有効成分）の毒性試験は、農薬取締法に則り、定められた急性毒性、発がん性などの多種類の試験が、指定された試験施設で実施される。農薬企業はその結果を、農林水産省（以下、農水省）所管の農林水産消費安全技術センターに提出し、その後、関係省庁が審議する。環境省は環境影響について審議し、食品安全委員会は人間への健康影響についてリスク評価を審議し、「一日摂取許容量（ADI）」を決め、厚生労働省（以下、厚労省）が残留基準を設定する。

ADIは「毎日一生食べても有害性が生じないと推定される量」で、多種類の毒性試験のうち最も低い無毒性量（有害な影響が認められない量）を、安全係数100（種差10×個体差10）で除した値となる。残留基準は、ADIの80％を超えないよう設定（20％は経口以外の曝露を推定）する。これらを受けて、農水省が農薬の登録を決定する。これだけ審議されているなら、安全性は確保されていると思いがちだが、問題がある。

法律で定められた農薬毒性試験には、科学研究でわかってきた新しい毒性に関する試験は含まれていない。発達期の脳への影響を調べる発達神経毒性は、2019年に農薬毒性試験にようやく入ったが、必須ではない上に旧式な試験法で、高次脳機能を調べるには不十分だ。欧米で規制対象の内分泌攪乱作用や、DNAメチル化などのエピジェネティクス（後成的）影響、3世代以降の子孫への影響、複数の農薬による複合影響も対象外だ。

また実際に使用される農薬製剤には、有効成分以外に補助成分が含まれるが、初期の除草剤グリホサート（製品名ラウンドアップ）では、補助成分の高毒性が問題となり、成分が変更された。補助成分は企業秘密で公開義務がないが、農薬の安全基準に補助成分の毒性も検討することが必要とされてきている。グリホサート自体も、国際がん研究機関が発がん性ランク2A（ヒトに対する発がん性がおそらくある）と指定しており、再評価が注目されている。さらに毒性試験のデータは、企業の知的財産権保護を理由に、未公開が多いのも問題だ。

欧米などでは農薬の登録継続に、日本で考慮されなかった学術論文を含んだ再評価が実施されてきた。そのような経緯もあって、2018年に日本の農薬取締法は改正され、農薬再評価制度が2021年より始まった。これまで農薬はいったん登録されると、3年毎に形式的に更新されてきたが、今後は15年に一度、毒性試験結果と関連する学術論文と共に、再評価される。

しかし、再評価の毒性試験は基本的に非公開とされ、学術論文の収集法は官庁が決めているものの、収集は農薬企業に任されている。農薬の製造法が非公開なのは企業の知的財産権保護のためだが、毒性試験の方法や結果、評価については情報公開が必要だ。2021年度よりネオニコチノイド系農薬5種、除草剤グリホサートなどの再評価が始まったが、発達神経毒性が否定できないとして、欧米で使用禁止となった有機リン系クロルピリホス、毒性の高いパラコートなどの再評価時期は未定だ（2023年1月時点）。国民が納得できるように、公正、迅速で公開された審議にする必要がある。

もっと学ぶための参考文献・資料

●ディビッド・モントゴメリー 著、片岡夏実 翻訳（2018）『土・牛・微生物——文明の衰退を食い止める土の話』築地書館
●遠山千春・木村-黒田純子・星 信彦 執筆（2022）「農薬の安全性とリスク評価」『科学』2022年3月号、岩波書店
●原 英二 著（2020）『知ってほしい食品添加物のこと』日本消費者連盟

化学肥料による環境への負荷

肥料取締法で規制されている化学肥料のうち、リン酸、カリウムは100％輸入に依存しており、鉱物資源の枯渇が予想されている。窒素肥料は大気中の窒素ガスからつくられるが、製造過程で、石油燃料や天然ガスが大量に使われる。植物に吸収されない過剰な窒素肥料は、流出して環境汚染を引き起こし、二酸化炭素より300倍も温室効果が高い亜酸化窒素 N_2O となって、温暖化を増強している。徐放（成分がゆっくり放出されること）を目的とするプラスチック製マイクロカプセル肥料は、環境汚染源として問題になっている。

化学農薬と化学肥料に依存した慣行農業は、温暖化や環境汚染の発生源として限界にきており、世界は持続可能な有機農業を目指している。日本でも「みどりの食料システム戦略」が農水省から提示され、2050年までに有機農業農地面積を全農地の25％に拡大、化学農薬50％低減（リスク換算）、化学肥料30％低減を目標とした。一見良さそうだが、有機農業となじまない大企業との連携、安全性が不明なRNA農薬やゲノム編集作物、AIに依存した内容には注視していく必要がある。

人は自然生態系のごく一部でしかなく、生かされていることを忘れてはならない。

食品添加物の安全性の範囲

食品添加物は、食品衛生法に基づき厚生労働大臣が指定した「指定添加物」（約470種）の他に、天然の「既存添加物」「天然香料」「一般飲食物添加物」（通常は食品だが用途によって添加物とみなされる食品原料）に分類される。「指定添加物」以外は、長い食経験があるため、十分な安全性データがないまま、指定を受けることなく使用が認められている。私たちが通常考える食品添加物は、ほとんど指定添加物で、甘味料、着色料、保存料、増粘剤、酸化防止剤、発色剤、漂白剤、防カビ剤などがある。指定添加物は、企業が厚労省に提出した毒性試験のデータを使って、食品安全委員会がリスク評価を行なって、農薬同様にADIを決めて使用している。毒性試験の項目には急性毒性、発がん性、繁殖試験、慢性毒性などがあるが、発達神経毒性、内分泌攪乱作用などは含まれず、しかも項目は農薬より少なく、複合毒性も調べられていない。さらに防腐剤パラオキシ安息香酸類や防カビ剤、臭素酸カリウムなど、人体への悪影響が報告されている物質も多い。

加工食品の表示では、乳化剤、増粘多糖類など一括名や類別名が認められ、個別の添加物名が不明なのも問題だ。ミョウバンは菓子などの膨張剤として使われ、脳神経毒性の強いアルミニウムを含んでいるが、一括名で「膨張剤」と表示され、アルツハイマー病との関連も疑われている。ADI以内なら安全とするのではなく、不要な食品添加物を極力減らす施策が求められる。

遺伝子組み換えとゲノム編集技術を考える

執筆：安田節子

◎遺伝子組み換えとは

農薬メーカーが遺伝子組み換え（Genetically Modified：GM）の開発に乗り出したのは、バイオテクノロジー（以下、バイテク）で開発された生物に特許が認められたためです。これにより、企業は農家から種子の特許料、技術指導料、さらに収穫物からも特許使用料を取り立てることができます。特許種子は自家採種が禁止のため、農家は毎年種子を買うことになります。

GMとは、微生物の遺伝子を作物に組み込み、除草剤をかけても枯れないようにしたり、作物の細胞に毒素遺伝子を入れて、これを食べた虫が死ぬようにしたりしたものです。「収量が増え、人類を飢餓から救う技術」「農薬使用量を減らす環境にやさしい技術」とアピールされました。ところがその後、除草剤耐性雑草がはびこり、殺虫毒素に耐性を持つ害虫が増えたため、農薬使用量はかえって増大しました。

◎安全性への懸念

米国政府はGMを推進していますが、採用されている安全性の評価方法には問題が指摘されています。GM企業のモンサント（現バイエル）は、動物実験でラットに3カ月間しかGM作物を食べさせませんでしたが、フランスのカーン大学の実験によると、4カ月目からラットに大きな腫瘍ができ始め、高い早期死亡率となりました。安全性への懸念を裏付ける研究が相次いで発表されたため、EUなどの多くの国々はGMを厳しく規制しています。

しかし、日本はGM認可数で世界一です（2018年）。それでも安全性を重視する日本の消費者は、「GM不使用」と表示された食品を選んできました。「GM不使用」といっても、米国で分別された非GM作物には5％未満のGM混入が生じるため、日本は「GM不使用」表示品にも、「混入率5％未満」を許容してきました。

ところが、2018年に消費者庁は基準を厳格化し、GM混入が不検出の食品にしか「GM 不使用」の表示を認めないことにしました。表示規制がゆるい日本では、食用油など 100％遺伝子組み換えの原料を使う企業が「遺伝子組み換え」と表示せずにすむ場合が多いのですが、手間や費用をかけて非遺伝子組み換えの原料を調達した企業が、今後は「遺伝子組み換えでない」と表示できなくなる可能性があります。

◎ゲノム編集技術とは

新たに登場したゲノム編集技術も、GM 企業のダウ・デュポンとバイエルが基本特許を所有しています。彼らは「この技術により新品種開発を劇的に加速できる」とし、「病害虫や干ばつへの耐性品種が、農家や食料危機を救う」と、GM 開発時と同じ宣伝をしています。

ゲノム編集技術は、遺伝子をピンポイントで破壊してこれまでにない性質のものを作り出します。ゲノム編集作物について米国や開発企業は「自然の突然変異と同じで、安全性チェックや表示は不要」としており、日本も同じく不要としています。しかし、EU では 2018 年に欧州司法裁判所が「ゲノム編集食品は GM として規制する必要がある」と裁定しました。GM の歴史は 20 数年と浅く、ゲノム編集技術はさらに新しいバイテクであり、そのリスク評価はまだ定まっていません。ゲノム編集食品は動物実験による安全性評価がされておらず、いまだに統一されたリスク評価法も確立していません。安全が未確認かつ未完の技術だといえます。予想外の毒性やアレルギーを引き起こすおそれがあり、食の安全を脅かしています。

◎ゲノム編集技術の実用化と反対運動の興隆

米国では多くのゲノム編集食品が開発中ですが、2018 年に商品化された高オレイン酸大豆油は売れなかったため、市場から姿を消しました。このままだと、世界でゲノム編集食品が流通するのは日本だけになってしまうかもしれません。

日本で初めて商品化されたゲノム編集食品は、GABA を増やしたトマトです。販売企業は、2021 年に市民 4000 人にこのトマトの苗を無償配布し、2022 年には福祉施設に、2023 年には小学校に苗を無償配布すると発表しました。

これを受け「北海道食といのちの会」がこの苗を受け取らないよう求める要望書を道内の全 179 の自治体に送ったところ、39 の自治体から「安全の確認できないものは受け取らない」旨の回答を得ました。苗を受け取ると回答した自治体はゼロでした。その後、同様の取り組みが全国に展開され、市民の反対運動が強まっています。

Theme 22

変わる日本の農業政策――農村の生業と暮らしを支える政策へ

この美しい風景は誰が作ったの？

執筆：図司直也

❶長野県中条村（現長野市）の棚田。こうした棚田はダムのように水を溜め、下流の地域の洪水を防ぐといわれている（撮影:久保田博二）

みなさんが目にしたことのある田んぼや畑が広がる農村の風景(❶)。そこには、お米や野菜などを生産している地元の農家の人たちの存在が隠れています。農家の人たちは、日中の暑い時間を避けて、早朝や夕方に作業することが多くあります。そのために、私たちの見ていない間に、田畑の中で農作業を行なったり、周囲の雑草を丁寧に刈ったりしているのです。それだけでなく、田んぼに水を引くために、農家同士が協力して山や川から得られる豊富な水を水路で導いて、時折、泥上げなどの掃除もします。また、農道も軽トラックで行き来するうちにデコボコになると、農家同士で協力して砂利を入れて道の補修もします。このように、農業の営みには、お互いに助け合い支える「農村コミュニティ」の存在が欠かせないのです。

探究に役立つ関連キーワード

地域資源、二次的自然、多面的機能、半農半X、農的関係人口

「自然と人間の関わり」が生み出す農村風景

写真❶が示すような水田やため池、雑木林といった里山、牛の餌となる採草地や放牧地の草原。このような農村風景が維持されるためには、地元の農家の人たちの日常的な関わりが不可欠です。日本の国土の大半は、生業(なりわい)を通じて人が手を加え続けることで持続可能となる、「二次的自然」と呼ばれる自然環境なのです。

このような二次的自然のもとでは、たとえば、お米を作る個々の農家がより多くの収穫を得ようとして、自分勝手に田んぼに水を引き入れると、他の農家に水が行き渡らなくなり、収奪的な利用に陥ってしまいます。そこで、農家の人たちは集まって相談しながら、農業用水をはじめとした限られた資源の使い方のルールを決めています。このようにして、日本では、集落と呼ばれる「地域」が農村の資源維持の主体となっています。

ここで言う資源は、田んぼや畑、そこで使われる水だけではありません。昔は、山から燃料となる薪を取ったり、山の木を焼いて炭を作ったり、屋根を作るための茅(かや)を採取したりして、人々は暮らしや生産を支える多様な資材として活用しました。つまり、人々と自然は密接な関わりを持ってきました。

ふだん目にしている農村の風景も、このような地域資源の集合体と捉えることができます。風景の背後に隠れている農家や地域の存在に気づくことができれば、農村風景から「自然と人間の関係性」を読み取ることもできるのです。このように日本の農業が存続するには、収益の向上を目指すための産業振興の政策だけでなく、とりわけ中山間地域などの条件不利地域では、農村に住み続ける生活環境を支える地域政策も大事であり、両面からの政策的な支援とともに、都市住民を含んだ国民全体の理解が求められています。

調べてみよう

- [ ] **自分が住んでいる地域の成り立ちを調べてみよう。**
- [ ] **身の回りに「自然と人間」との関わりから生み出されている風景はあるだろうか。そこにはどのような資源が存在するだろうか。**
- [ ] **農村の風景が近くにある人は、目に見えない農村コミュニティの組織や役割の話を聞いてみよう。**

農業者が少数派となった農村社会
――農業政策の中で地域政策が求められる背景

「農村」を辞書で調べてみると、「住民の大部分が農業を生業としている村落（デジタル大辞泉）」といった説明がなされている。実際、農村のイメージを学生に尋ねてみると、「農村は、農業が盛んで、農家が多いところ」と答えてくれることが多い。

たしかに農村の基本的なコミュニティとしての集落は、戦後の農地改革後、きわめて均質な農家によって構成され、主に農業によって生計を立てる農家の集まりであった。その集落も高度経済成長を経て大きくは「都市化」の影響を受けていった。

細かく見れば、年代毎に以下のような変化が見られる。

○ 1960年代「兼業化」
農家の農業収入が伸び悩む一方で家計費水準が上がり、農業以外の仕事にも就くようになった。

○ 1970年代「混住化」
農村でも地域外からの転入もあって、他産業に従事する非農家の割合の増加が進んだ。

○ 1980年代以降「過疎化」
高度経済成長期に始まる農村からの人口流出により、農業集落の顕著な縮小に至り、「限界集落」という言葉も登場する現象が生じた。

こうして今日の農村は、山々に囲まれ、田んぼや畑が広がる空間に居住しながらも、そこに暮らす住民は通学や通勤で集落外に出る時間が長くなり、各々の所属や行動は非常に多様化、複雑化し、日常の生活圏も大きく広がっている。つまり今日の農村社会は、上に挙げた辞書の定義とは大きく様変わりし、前ページで示したような農村風景を形作るような人間と自然の関わりも希薄化しつつある。それどころか、地域の中からは、「農家が散布する農薬によって洗濯物が汚れる」だとか、「畜産農家から出る糞尿のにおいが気になる」、「泥のついたトラクターが農道を走ると車が汚れる」といった苦情が行政に寄せられることもある。もともと農村は農業者の生産の場であったが、非農家の立場からすると、農作業が快適な生活環境を脅かすものと受け止められ、農家と非農家の利害対立を生み出す事態も各地で見受けられる。

このように農村社会が変化する中で、緑豊かな農村風景や自然環境を暮らしの中で享受できる背景に、「農業」の営みが不可欠であることを、そこに暮らす地域住民も改めて理解できるような、生産者との交流の場づくりが改めて大事になっている。こうした現場を支えるためにも、国や地方自治体は、農業という「産業政策」だけでなく、「地域政策」を通して農村資源を維持し、暮らし続けられる農村社会づくりに向けて、両方の政策をバランスよく打ち出す必要性が高まっている。

もっと学ぶための参考文献・資料

◉中塚雅也 編（2011）『農村で学ぶはじめの一歩　農村入門ガイドブック』昭和堂
◉小田切徳美・平井太郎・図司直也・筒井一伸 著（2019）『プロセス重視の地方創生――農山村からの展望』筑波書房
◉佐藤洋平・生源寺眞一 監修、中山間地域フォーラム 編（2022）『中山間地域ハンドブック』農文協

「農的関係人口」とともに持続可能な農村へ
――「地域政策の総合化」が目指すところ

日本の農業政策の中で、農村政策が包括的に法律に明記されたのは、1999年に制定された「食料・農業・農村基本法」である。基本法では、農業・農村に期待される「食料の安定供給の確保」と「多面的機能の十分な発揮」、その基盤となる「農業の持続的な発展」と「農村の振興」の4つの基本理念が掲げられた。

この中で、農業の有する多面的機能には、国土保全、水源かん養、自然環境保全、景観形成といったものがあり、その利益は広く国民全体が享受している。その一方で、先にあげたような農村社会の変化は、この多面的機能の発揮にも大きな影響を及ぼしている。そこで、2015年4月に「農業の有する多面的機能の発揮の促進に関する法律」が施行された。具体的には、地域の共同活動や中山間地域などでの農業生産活動、自然環境の保全に資する農業生産活動を支援する目的で、「日本型直接支払制度」として農用地に交付金が支払われている。ここで「日本型」と称しているのは、この制度導入の背景に、先発するEUの共通農業政策の存在があるからだ。EUも日本も、グローバルな農産物市場の中で競争力を確保しつつ、多様な農業生産や農村の維持を図り、市場を歪めない形として、直接支払を採用している。

しかし、この直接支払制度は、農業のハンディキャップを埋める部分に対象が限定されてしまう点で万能とは言えない。特に条件の厳しい中山間地域では、集落での共同作業や暮らしの支え合いなど、地域社会が持続できてはじめて農業が成り立っている側面もある。

そのため、2020年の第5期食料・農業・農村基本計画では、「農村を維持し、次の世代に継承していくために、所得と雇用機会の確保（しごと）や、農村に住み続けるための条件整備（くらし）、農村における新たな活力の創出（活力）といった視点から、幅広い関係者と連携（仕組み）した『地域政策の総合化』による施策を講じ（る）」（括弧内は筆者が加筆）ことになっている。この中の「活力づくり』では、「田園回帰」による都市から農村への人の流れを前向きに受け止め、農村における多様なライフスタイルや他の仕事を組み合わせた半農半Xなど、多様な担い手も想定されている。

都市に暮らしていると、農村は縁遠い場所かもしれないが、大きな河川を上流へとさかのぼれば、農村部につながっている場合も多い。近年、各地で多発する土砂崩れや洪水氾濫の災害を目にすると、上流域の状況が、流域住民の安全・安心な暮らしに影響しかねないところもある。全国水源の里連絡協議会が「上流は下流を思い、下流は上流に感謝する。」というスローガンを掲げるように、今日の農村は、その多面的な役割を持続して発揮できるように、農産物や暮らしの豊かさなどに関心を寄せてくれる人たち、まさに農業や農村に関わりを持つ「農的関係人口」とともに未来を切り拓こうとしている。

Theme 23

公共調達を変革する——有機学校給食の取り組み

学校給食に有機食材を導入すると、給食費は高くなりませんか？

執筆：関根佳恵

❶フランスの公共調達における有機食材率と食材費の関係

資料：Un Plus Bio (2021) Observatoire de la restauration collective bio et durable より転載

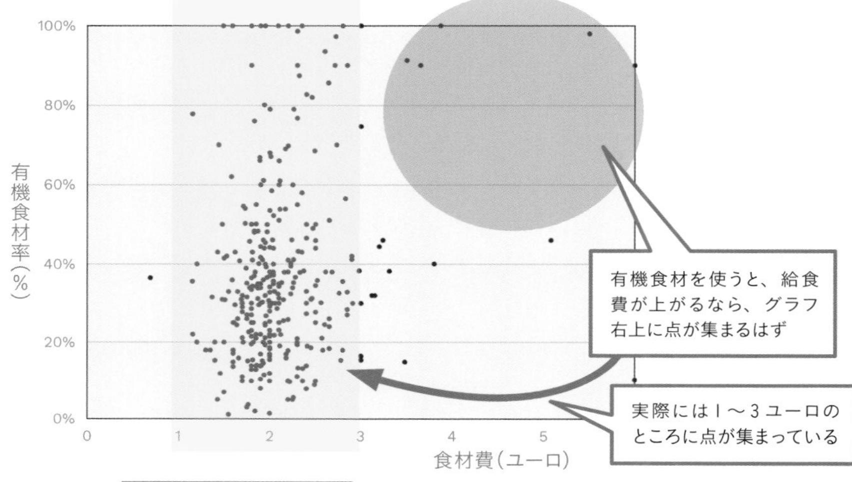

❷フランスのベジタリアン給食の導入の結果

資料：Un Plus Bio (2020) Observatoire de la restauration collective bio et durable より筆者作成

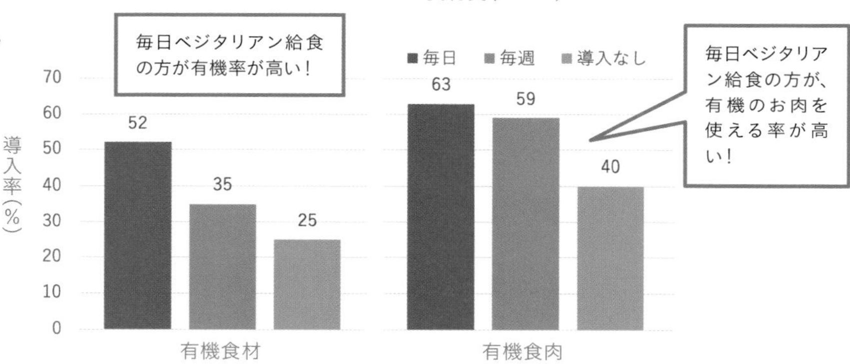

近年、国内外で学校給食に有機食材を導入する動きが広がっています。「成長期の子どもたちに、安全・安心な食べものを」と願う保護者や学校関係者の努力の成果です。でも、「有機食材は値段が高いので、給食費の値上がりが心配」という声も聞かれます。実際に有機食材を導入すると、給食費は値上がりするのでしょうか。

実は、給食費を値上げせずに有機食材を導入することはできます。どんな工夫をすればそれが可能になるのか、詳しく見てみましょう。

探究に役立つ関連キーワード

有機食材、公共調達、学校給食、無償化、共有財（コモン）

❸フランスの有機給食の様子
（写真提供：GAB85）

食材費を抑えて有機給食を実現 ――フランスの取り組みに学ぶ

フランスでは、2022年から学校給食などの公共調達（政府や公共機関が物やサービスを民間から購入すること）で有機食材を20%以上（金額ベース）導入することが法律で義務化されました。当初、保護者や自治体は給食費の値上がりを心配しましたが、結果的には、7割の自治体で1食当たりの食材費は同等かむしろ減少しました。1食当たりの食材費は約2ユーロで、有機食材率が高まっても食材費が上昇する傾向は見られません（❶）。どのような工夫をしたのでしょうか。

第一に、安くて栄養価の高い旬の食材を使うことです。たとえば、トマトはハウスなどで加温栽培したものは使わず、5月から9月までしかメニューに入れません。

第二に、値段が高くて栄養価が低く、「美味しくない」と言って子どもたちが残す傾向にある加工食品の利用を減らして、素材から調理するようにしています。調理の手間はかかりますが、調理師の意識改革や研修、工夫によってのり越えています。

第三に、ベジタリアンのメニューを増やしています。これまで、タンパク質は肉や魚が中心でしたが、その生産のためには多くのCO_2が排出され環境に負荷をかけるため、使用する場合はグラム単位で計量して必要最低限の量にします。代わりに、卵、乳製品、豆類、全粒穀物、野菜からタンパク質を摂取できるように、メニューを工夫しています。調査によると、ベジタリアンメニューの導入頻度が高いほど食材費は低く、有機食材率は高くなり、さらに高価な有機食肉の導入頻度が高くなります（❷）。

第四に、食品ロスを削減して食材費を抑えています。

調べてみよう

- □ **みなさんの学校給食には、どのくらい有機食材が使われているか調べてみよう。**
- □ **みなさんの自治体には、有機農業を営んでいる農家は何軒ありますか。どんな作物が育てられているか調べてみよう。**
- □ **みなさんの学校給食は、どのようにして作られていますか（自校式・センター式、運営は自治体か民間企業かなど）。**

世界で広がる有機公共調達

近年、世界各地で食と農をめぐる危機、すなわち、栄養不良や肥満、食に由来する疾患、食品ロス、地域農業の衰退、気候変動や生物多様性の喪失などが深刻化している。こうした問題を同時に解決するために、公立の学校、病院・介護施設、役所、刑務所などの給食・食堂の公共調達に地元産の有機食材を導入する取り組みが、2000年前後からフランスなどの欧州、米国、ブラジル、韓国、日本などの世界各地で広がっている。

たとえばフランスでは、マクロン大統領の選挙公約を実現するかたちで、2018年にエガリム法が施行された。この法律は、ネオニコチノイド系農薬の禁止、動物福祉の向上、食品ロスの削減、プラスチック製品の削減など、多様な内容を含んでいるが、中でも注目されたのが公共調達の改革による有機給食の実現だ。この法律により、2022年1月までに、公共調達される食材の20%以上（金額ベース）を有機食材とし、それを含めて50%を高品質で産地が明確なものにすることが義務化された。

これにより、フランスの公共調達における有機食材率は、平均3%（2017年）から10%（2022年）に伸び、特に学校給食では30%（2022年）となった（❹）。学校給食の有機食材率は、託児所58%、幼稚園・小学校40%、中学校36%、高校24%となっているが、有機食材率が最も低い高校の1食当たりの食材費が最も高く、有機食材率の上昇と食材費の上昇は必ずしも相関関係にはない。

公共調達における有機食材率は、すでに100%を達成した自治体がある一方で、導入が遅れている自治体もあるため、エガリム法が最低ライン（20%）を設定したかたちだ。アンケート調査（2018年）によると、「有機食材を導入してほしい」という意見は学校給食90%、病院給食80%、介護給食77%、民間の食堂81%にのぼる。そのため、自治体では有機給食を実現するための予算をつけたり、農家に慣行農法から有機農法への転換を促したり、有機農業の新規就農を支援したり、農業公社を設立して有機農産物を生産したりしている。中央政府も農業省と環境省の共同管轄の有機局や全国給食評議会を設置して、有機給食の実現に必要な調整を行なうとともに、有機農業の生産を拡大するための政策を強化している。

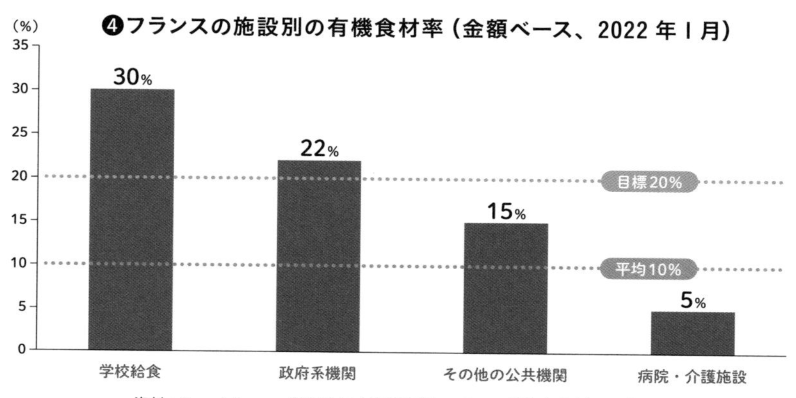

資料：Ouest France（2022年1月31日付、フランス農務省発表）より筆者作成

もっと学ぶための参考文献・資料

◉靍 理恵子・谷口吉光 編著（2023）『有機給食スタートブック』農文協
◉農文協 編（2021）『どう考える？「みどりの食料システム戦略」』農文協
◉安井 孝 著（2010）『地産地消と学校給食 ―― 有機農業と食育のまちづくり』コモンズ

有機給食の実現で問われているのは社会モデルの転換

有機給食の実現を求める運動は、さまざまな壁に直面することがある。たとえば、「慣行農産物でも農薬取締法などを守っているので安全（だから、有機給食は必要ない）」「有機食材は高いので、給食費の値上げにつながる」「追加的費用は誰が負担するのか」「有機食材は供給量が少ないので、安定的に確保できない」「公共調達で有機農家だけを優遇することは適切ではない」などの批判に直面する。

こうした批判の背景には、公共調達をめぐる２つの社会モデルのせめぎ合いがある（❺）。新自由主義モデルでは、食を私的財と位置づけ、給食費は受益者負担、有機は個人の嗜好品であるととらえる。それに対して福祉国家モデルでは、食を共有財（コモン）と位置づけ、給食費は応能負担または無償とし、有機を社会的必需品ととらえる。有機給食が広がっている国・地域では、大局的に見ると、新自由主義モデルから福祉国家モデルへの移行が行なわれたと考えられる。

北欧のスウェーデンやフィンランド、南米のブラジルでは学校給食が無償であり、フランスや韓国などでも無償化する動きが広がっている。保護者の所得水準にかかわらず、義務教育がすべての児童・生徒にとって無償であるように、食育・教育としての給食も無償であるべきだとの考えが広がっている。また、すべての人は人間らしく文化的な生活を営む権利（生存権）を生まれながらに有しており、そのためには食への権利を保障することが欠かせないとの認識にもとづいて、学校給食を無償化している国もある。すぐに完全無償化ができなくても、移行措置として保護者の所得による給食費負担の傾斜配分を強化する国もある。有機給食を求める運動は、社会モデルを転換することでもあるのだ。

❺ ２つの社会モデルと有機給食の関係

社会モデル	新自由主義	福祉国家
食の位置づけ	私的財	共有財（コモン）
有機食材の位置づけ	個人の嗜好品・贅沢品	社会的必需品
給食費	受益者負担 （払わざる者、食うべからず）	無償または応能負担
食材調達で重視すること	入札価格の安さ	品質、安全性、波及効果
調理で重視すること	労働生産性 （センター方式）	美味しさ、手作り、品質 （自校式）

資料：筆者作成

「食べること」と「出すこと」──排泄と循環、食卓のその先へ

ウンコは「汚い」って誰が決めた？

執筆：湯澤規子

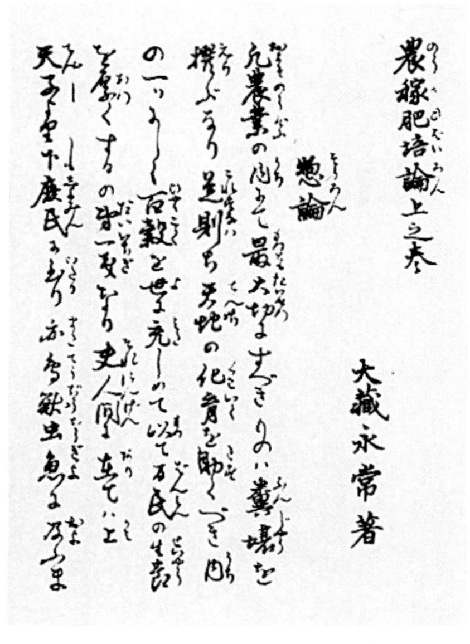

農稼肥培論上之巻

惣論

大蔵永常著

❶享保期の金沢国の街並みと農民（『農業図絵』より、左）
❷江戸時代の農業について書かれた『農稼肥培論上之巻』惣論（『日本農書全集第69巻』より、上）

現代社会の中でウンコは「汚物」とよばれ、みなさんは疑う余地もなく、ウンコは「汚い」と思っていることでしょう。でも実は、日本の法律でウンコが「汚物」であると決められたのは、1930（昭和5）年に「汚物掃除法」が改正された時なのです。それ以前のウンコは価値のある宝物でした。それは、いったいどういうことなのでしょうか。

江戸時代の農業や百姓の暮らしを描いた『農業図絵』という史料には、その謎を解く鍵が描かれています（❶）。百姓たちはこれから町に畑にまく肥料となる人糞尿を汲みに行きます。大根やワラと交換して手に入れるウンコは、価値ある大切な資源だったのです。

探究に役立つ関連キーワード

都市と農村の循環、人糞の行方、循環、宇宙船地球号

ウンコがつなぐ土と命のきずな
——「食べること」と「出すこと」の循環

日本最古の書物『古事記』には、国づくりの神話の中にウンコがたくさん登場します。それは、ウンコは土と命をつなぐ、大切なきずなであったことを知る手がかりになります。江戸時代の農業について書かれた本などには、人糞尿を「下肥（しもごえ）」として農業に用いる技や方法が具体的、かつ豊富に記されています（❷）。

たとえば、「大便は肥やしの中で一番大切」で、「特に根を太らせ、充実させたい作物（大根、カブ、菜種、ニンジン、ゴボウなど）に用いるのが良い」「小便は人の食べた塩気が混じって排泄されたもの。塩は生物が生きるために欠かせない。塩を入れておいた俵や、海に生える海藻が肥やしになるのは塩が効くからである」などと書かれています。食べることと出すことが、土を仲介して「環（わ）」のようにつながり、有機物循環・窒素循環が実現していたわけです。

食べて排出されたものが肥料になるので、こんな記述もあります。「海辺で魚肉を多く食べる地域と、山中でたまにしか魚を食べない地域の人糞とでは、使うにも取捨選択が必要だ。美食する所と粗食する所でも、同一ではない」。そのため、人糞尿には等級がついていて、値段にも差がありました。

下肥は江戸時代だけでなく、化学肥料が普及する以前の1970年代頃まで使われていました。しかし、下水道の敷設や水洗トイレの普及、衛生観念の定着などにより、下肥の利用はほとんど消滅し、それによって私たちは土とのきずなから離れた暮らしをするようになりました。その結果、有機物や窒素やリンの循環は途切れています。窒素やリンは地球上の有限資源であるため、現在、それを利用し続けるための新たな循環システムが模索され始めています。

調べてみよう

- ☐ **昔のトイレについて、調べてみよう。**
- ☐ **農業で使う肥料にはどんなものがあるか、調べてみよう。**
- ☐ **植物が育つために必要なものには何があるか、考えてみよう。**

「宇宙船地球号」の操縦と燃料は？

1965年、アメリカの国連大使であったアドライ・スティーブンソンが「われわれはみんな、小さな宇宙船に乗った乗客である」といって広く共感を得たことが知られている。実はそれに先立つ1951年、バックミンスター・フラーが「宇宙船地球号」という考え方を提唱し、それは『宇宙船地球号操縦マニュアル』として世に問われた。その内容は、エネルギーと物質のバランスを自由に操れるようになった人間社会には可能性と危うさの両面があるという警鐘だった。「地球号」の「操縦」とは、そのバランスをあらゆる努力によって保っていかなければならないというメッセージでもある。

地球号の「燃料」は、地球上の生物の命を次世代に受け渡していくこと、そしてさまざまな物質を循環させていくことである。そう考えてみると、「食べること」と「出すこと」の循環をつなぎ直していく必要があると気づかされる。人類学者の辻信一さんによれば、熱帯雨林に生きるナマケモノは、天敵に襲われるリスクを負っても命がけでゆっくりと木から降りてきて、自分に食べものを与えてくれる木の根本にウンコをして、土を介して木に栄養を還しているらしい。

地球を俯瞰するように考えてみれば、「食べること」と「出すこと」の関係を断ち切ってきた生きものは、人間だけだということに気づかされる。たとえば、現代の日本では、下水処理場から排出される「下水汚泥（げすいおでい）」の多くは緑農地に戻ることはなく、燃焼されて灰になり、コンクリートや建材に使われるか埋め立てられる割合が高いのである（❸）。

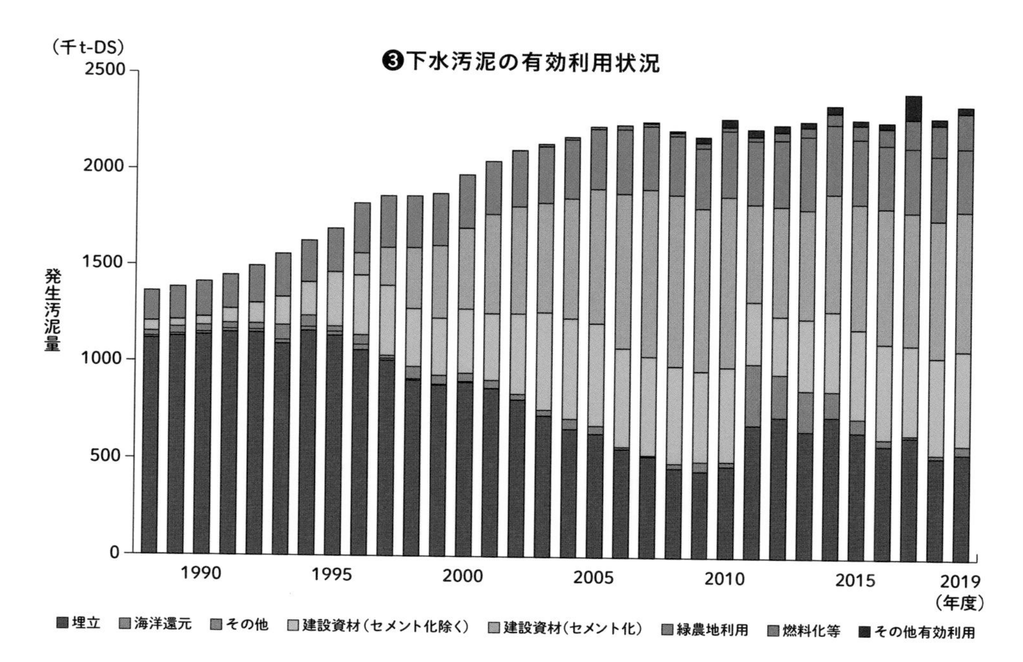

資料：国土交通省「下水道における資源・エネルギー利用」に関する資料より筆者作成

もっと学ぶための参考文献・資料

◉辻信一 著 (2006)『「ゆっくり」でいいんだよ』ちくまプリマー新書
◉バックミンスター・フラー 著、芹沢高志 翻訳 (2000)『宇宙船地球号操縦マニュアル』ちくま学芸文庫
◉湯澤規子 著 (2022)『ウンコの教室――環境と社会の未来を考える』ちくまプリマー新書

解説2 下水汚泥活用の最前線
――循環の再構築は可能か？

都道府県別に見た下水汚泥の量は人口に比例して、都市圏、とりわけ東京に集中している（❹）。この下水汚泥は緑農地に還元できるのだろうか。実は日本に先んじて、世界では実践が始まっている。特にイギリスでは法律の整備やガイドラインの作成、科学的な安全性の実証などが進められ、緑農地への還元率が高まっている。技術開発もさまざまな国で試みられている。

こうした国際的な動向の中で、日本でも下水汚泥の利活用を促進する試みが始まった。国土交通省が中心になって展開している「Bistro 下水道」という取り組みである。下水汚泥を農業に活用するという、いわば「21世紀未来型の下肥プロジェクト」といってもよいだろう。ユネスコの食文化創造都市に登録されている山形県鶴岡市や、バイオマス産業都市構想を展開している佐賀県佐賀市などがそのフロントランナーである。

たとえば鶴岡市では、大学や企業と連携した研究が重ねられている。脱水した下水汚泥を籾殻と混ぜて発酵させてコンポストを生産し（❺）、浄化センター内に設けられたビニールハウスで発酵熱を利用して野菜を栽培し（❻）、最近ではキノコ栽培への活用や、その菌床をさらにリサイクルしたオオクワガタの飼育の挑戦も始まっている。

その一方で、下水汚泥に含まれる重金属や化学物質が環境に及ぼす影響への懸念などもあるため、慎重に議論を重ねていかなければならない。そのため、大学などの研究機関による安全性の確認や、市民への情報開示にもとづいた議論を継続していくことなどが求められている。

❹都道府県別濃縮汚泥量

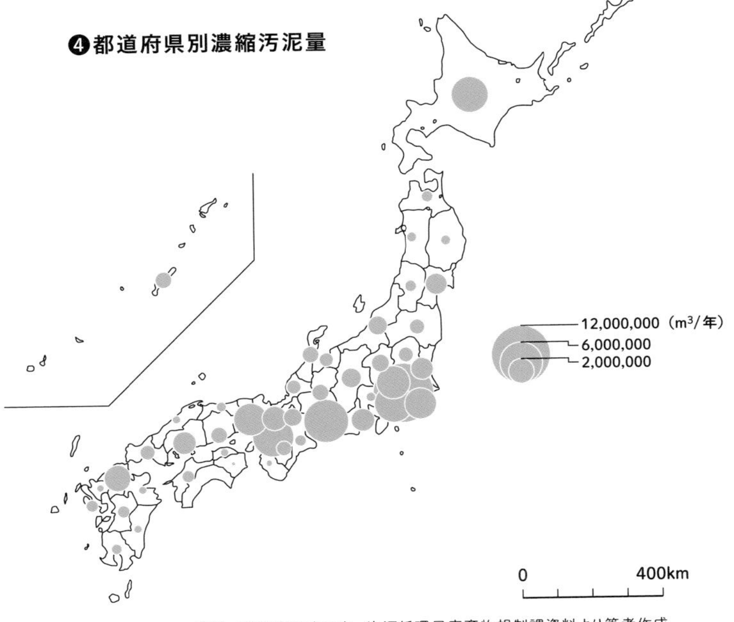

資料：環境省環境再生・資源循環局廃棄物規制課資料より筆者作成

❺鶴岡浄化センターの嫌気性消化施設（上）
山形県鶴岡市にて（2021年7月3日、撮影：筆者）
❻浄化センター敷地内に設置されたビニールハウス（下）

Theme

25 エコロジーと公共政策

政治が変われば、エコロジーは実現できる?

執筆：藤原辰史

❶自然エネルギーを利用して発電する「小水力発電」の例。農業用水に「らせん水車」を設置し、水の落差を利用して水車（タービン）を回し、その回転を発電機に伝えて電気を起こす。常時500～600kwの発電能力がある（岐阜県郡上市石徹白区、撮影：大西暢夫）

答えを最初に言いましょう。イエスです。いま、地球の存続さえ危ぶまれる中で、政治を転換することはとても重要です。「政治」と聞くと、なにか偉い人がやることのように感じる人もいるかもしれませんね。しかし、それはまったく違います。

地球環境の危機は、私たちの危機であり、私たちが政治を動かして、特に未来を生きる子どもたちが、水位の上昇による都市の沈没や、気候変動による農作物の不作などの不安を抱かなくてもいいようにしなくてはなりません。

このまま化石燃料を使った生活を送るのではなく、自然エネルギーに変換していくことも(❶)、私たちが主人公です。私たちがそのように変更しやすいように税金を使って補助をすることも、政治の役割です。

探究に役立つ関連キーワード

エコロジー、環境政策、政治参加、地域型発電、気候変動

政治の主役は、私たち

❷国連気候変動枠組条約第27回締約国会議（COP27）にて環境問題にアクションを起こす若者たち（写真提供：Climate Youth Japan）

環境の危機に直面した私たちは、第一に、私たちが政治の担い手であることを意識しなければ、何も始まりません。「偉い人に任せておけば、きっとよくしてくれる」という期待は、環境問題にかぎっても抱かない方が身のためです。みなさんのように若い世代よりも、これまで化石燃料の恩恵を被って生きてきた世代が政治の中心にいるので、どうしても若い世代のための政治をしにくいのです。

それを根本から変えるためには、私たちがまず、「政治をするんだ」という思いを強く持つことが大切です。選挙だけではありません。みんなで勉強会を開いたり、大学生が開いているデモに行ってみたりすることもできます。世界各地で10代の若者たちが、積極的に環境に関わる政治に参加しています（❷）。

第二に、私たちは、今の政治の問題点を考えなくてはなりません。どの国でも、経済を成長させることを政治の重要な目標に据えていて、企業が経済活動をしやすい事業環境を整備することを重視する政治のあり方が、世界で増えています。しかし、それだけでは、いつまでたっても、エネルギーの大量使用やものの大量廃棄をする企業をほったらかしにしてしまいます。

私たちは、政治的な手段によって、そのような企業が地球の危機の源にならないように監視をし、たとえば、毒性のある物質を流さないように、化石燃料を使いすぎないように、法制度を整えなければなりません。もちろん、私たちも、あまりにも地球に負担をかける暮らしから地球に負担をかけない暮らしに変えなくてはなりません。そのためにも、個人の努力ではなく、誰もが平等に負担できるように法制度を整えることが先決です。主役は、私たちです。テレビに映る人たちではありません。

調べてみよう

- □ **自分と政治にはどんな関わりがあるだろうか。具体例をあげて考えてみよう。**
- □ **自分の身の回りに地熱発電や小水力発電など、地域で電力を生み出す施設はあるだろうか。実際に訪れて規模や地域での役割を聞いてみよう。**

政治の本当の役割とは

政治とは、調整のアート（技術）である。容易に交わらないような複数の利害をなんとか同じ場所に着地させるのが政治の使命である。

地球環境の問題を切り開くためには、政治の活性化が欠かせない。自社の経営を合理的に行なうために光熱費や人件費を削減したい企業、税収を増やしてかさむ一方の福祉費に回したい行政、毎日の暮らしを楽しみたい消費者、環境の破壊をすぐに止め、自分たちやその子孫たちの生きる条件を確かなものにしたい若者たち、自分の職業の価値を認めてほしい重工業の労働者たち。

このような複数の人たちの利害関心に対して、誠実に耳を澄まし、その落としどころを探っていくのは、政治をおいてほかにない。

そして、いうまでもないが、政治の担い手は私たちである。とりわけ、旧来的な経済一本槍の思考しかもたない政治家ではなく、直接被害を受ける若者たちにその未来のあり方を任せる決定を、中堅以降の世代が決断する必要が、環境政策にはある。国会で活動する代議士はあくまで私たちの代理にすぎず、すべてを任せてしまうという当事者意識の薄弱さは、環境政策の分野ではとりわけ致命的だ。

また、生きるための基本的条件を環境保護のために制限した場合、環境負荷を軽減するための光熱費や税金の上昇が生活費に重くのしかかる社会的弱者に、いつもその負担が押し寄せがちである。そのためにも、少数者の意見を吸い上げる政治がなされているか、有権者による不断の監視と政治参加が必要である。

では、どのような課題が存在しているのか。

①分野横断的なコンセプトづくり

第一に、国内の環境問題を共通の政治課題の中に統合していくこと。つまり、原子力発電の問題も、災害対策も、脱化石燃料のアイデアも、二酸化炭素排出問題も、ゴルフ場による森林破壊も、コンクリート堤防による海岸の景観破壊も、有機農法や自然農法の研究と普及も、農業と漁業のビジョンも、廃棄物の循環も、すべて同じ部署の中に投入して、分野横断的な「コンセプト」を作成することである。

エコロジーとは、あらゆるものが重なり、からまりあっているという世界認識を前提にして問題に取り組む思考枠組みであるのだが、日本を含む各国の政策は縦割りで、環境問題に取り組むにはあまりにも分断されすぎている。そのためにも、国会議員や地方議員に働きかけるだけではなく、市民主導で問題を立て、問題提起をし、公論に開いていく努力が重要である。

②客観的データに基づく政策決定

第二に、政策決定プロセスに、大々的な研究調査と、その公聴会を取り入れること。自然環境問題については、単に気候変動に関する政府間パネル（IPCC）のデータだけではなく、

もっと学ぶための参考文献・資料

●坪郷 實 著（2009）『環境政策の政治学――ドイツと日本』早稲田大学出版部
●玉野井芳郎 著（2002）『エコノミーとエコロジー【新装版】』みすず書房
●藤原辰史 著（2019）『分解の哲学――腐敗と発酵をめぐる思考』青土社

日本列島に特異な事例について若い世代の大学院生や研究者に資金を提供して、より具体的で、より若い世代の関心に根ざし、より生活に即したデータを得るために、一年間の研究を依頼する。

政策の課題は、化石燃料非依存型のエネルギー政策のみならず、自然に負荷のかからない地域に根ざした農業政策、同じように海洋環境に負荷のかからない漁業政策や、自然環境を汚染する軍事基地問題に取り組む防衛政策、エコロジカルに世界の現象を考える文化政策に至るまで、多岐にわたる。そのためには、政策決定に必要な、見通しのきく知識と指針を得る必要がある。

そのためにも、舶来の知識の学習では間に合わない。聞き書きやデータ分析を含む広い範囲の研究調査が必要であることは、あらためて言うまでもないだろう。その研究調査の諮問を経て、政策決定をしていく必要がある。なぜなら、政治の調整において、客観的なデータの存在は極めて重要だからである。

③税金の使い方の見直し

第三に、地球の環境に対して負荷のかからない技術を開発するために、旧来、研究費がまわりにくかった有機農法や自然農法へ研究費を傾斜的に配分することである。

国家がスポンサーである大学では、どうしても経済発展のために化学や機械や燃料に関わる分野の研究に税金が投入されやすい。そうならないように、予算を決定する国会やシンポジウム、あるいは、メディアで健全な議論ができるように、私たち主権者は努力する必要がある。

④環境外交におけるリーダーシップ

第四に、環境外交のリーダシップを握ることである。現在、地球温暖化の議論では、欧州連合（EU）がリードしているが、唯一の被爆国であり、甚大な公害と、原発事故を経験した日本の発言は、実は国際社会においてかなり重いはずだ。

それとともに、（欧米に比べて極めて）急速な工業化を公害という甚大な犠牲を伴いながら進めた日本の事例は、同様に急速な工業化を国家目標としている国々にとって、重要な視座を与えるはずである。

こうした経験をもつ日本は、国際社会で環境保全を訴えるEU諸国と、経済発展を至上命題とするアフリカやアジアの国々との乖離を埋める役割を果たせるだろう。

世界農業遺産と地理的表示が目指すもの

執筆：香坂 玲

◎地理的表示保護制度とは？

みなさんが「地元のものっていいな」とか「あの地域のあれはいいな」と思うのは、どのようなものでしょうか。その土地に古くから伝わる伝統的な産品や技術、昔ながらの風景に魅力を感じることもあるのではないでしょうか。そして、それらが「長続きするといいな」「応援したいな」と思うのであれば、みなさんはどのような行動、活動をすればよいのでしょうか。

まず、消費者として“買う”ことで応援ができそうです。「松阪の食といえば、牛肉」「鹿児島の黒酢は有名」「木炭なら岩手」というように、伝統的な生産方法や気候、風土、土壌などの生産地の特性が、品質などの特性に結びついて高く評価されている産品が、各地域に多く存在しています。

このような、商品と産地やその製法・原材料の結びつきをわかりやすく表示して、選んでもらおうという取り組みがあります。産品の地名や所縁(ゆかり)の名称を知的財産として登録し、保護する「地理的表示保護制度」です。言い換えると、ある商品とその土地の風土が深く結びついていることを示し、その結びつきを国が認め、品質を保証する制度になります。もともとフランスのワインで発足した制度で、たとえば「シャンパン」という名称はシャンパーニュ地方で生産された発泡ワインだけに表示が認められており、日本製のものはシャンパンとは名乗れません。

◎ユネスコの世界遺産

「和食」と関連する伝統的な食文化が、ユネスコの無形文化遺産として 2013 年に登録されています。ただし、単に和食の食材や食の様式だけでなく、お正月に家族や地域で集って共同で行なう準備、儀礼の営み、自然との交流など、地域との結びつきや交流といった観点が評価され登録に至っています。

また、合掌造りの建築が数多く残り、今もそこで人々の生活が営まれている岐阜県の白川郷は、その景観や暮らしに根付く風習をあまり変えずに伝えていくために、1995 年にユネスコの世界文化遺産に登録されています。ただ、新しい技術が導入されている現代的な生活との調和をどうはかるかなどの課題もあります。

◎国連食糧農業機関（FAO）の世界農業遺産

ユネスコと同じく国連の専門機関である FAO では、農林漁業の領域での伝統的営みを「世界農業遺産」として認定しています。農業の遺産というと、文化や自然の世界遺産と比べると少しなじみは薄いかもしれません。でも、社会や環境に適応しながら何世代にもわたり継承されてきた、独自性のある伝統的な農林水産業と、それに密接に関わって育まれた文化、ランドスケープ及びシースケープ、農業生物多様性などが相互に関連して一体となった、世界的に重要な「伝統的農林水産業を営む地域（農林水産業システム）」のことを示します。そのような場所を実際に“訪れてみる”ことも、産地を応援することにつながりますね。

◎聞き書き甲子園

最後に作っている人の話を“聞いてみる”ことも、次の世代に大切な知識を伝え、応援する活動といえます。農林水産業の分野には、工芸品のように名人を「人間国宝」に登録する仕組みはありませんが、各地にさまざまな職業の名人がいます。そうした名人から熟練の技などを高校生が聞き・書き・発信する「聞き書き甲子園」という取り組みがあり、若い世代が伝統的知識の継承に一役買っています。みなさんも、「聞き書き甲子園」に参加したり、同じ高校生が聞き取った文章を読んだりしてみましょう。

このように、農業、林業、水産業で「いいな、続けてもらおう」と思うと、私たちができることはさまざまあります（❶）。また風土に根付いた伝統的な産品や営みを応援することは、土地の生態系や風土の特徴を学ぶことにもつながります。いろいろな産品とその土地の風土や文化との結びつきを学んでみましょう。

❶地元のもの「伝統的農林産品」を長続きさせるためのアクション例

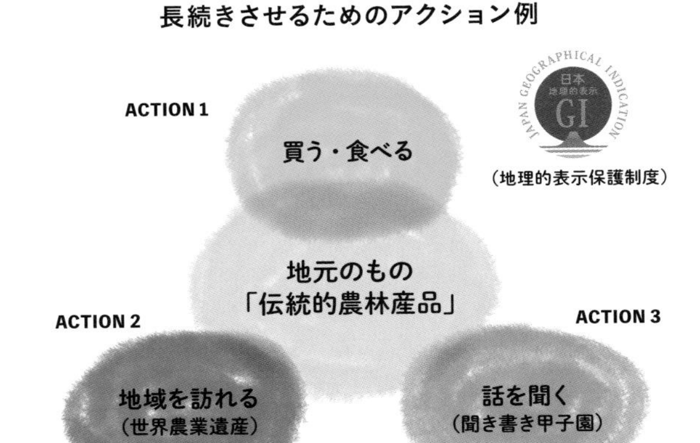

「みどりの食料システム戦略」は農業をどう変えるか

執筆：谷口吉光

◎「みどり戦略」とは

2021年5月、農林水産省が「みどりの食料システム戦略」（以下、みどり戦略）を策定しました。この戦略では、2050年までに「農林水産業のCO_2排出量をゼロにする」「化学農薬の使用量を50％削減する」「化学肥料の使用量を30％削減する」「有機農業を100万ha（全農地の25％）に拡大する」という4つの数値目標が掲げられています。一言でいえば、農業による環境への負荷を大幅に減らそうという目標です。

政府がこの戦略を打ち出した事実は大いに歓迎すべきことです。農業からの環境負荷を大きく減らすという考え方は間違っていませんし、SDGsの趣旨とも合っています。しかし目標を達成するアプローチの点で、次のような課題があります。

◎「スマート農業」は持続可能？

一つ目の課題は、高齢化や担い手の減少に対応するという名目で、無人走行トラクターなどの大型機械、農作業ロボット、ドローン、センサー技術、AIなどを活用する「スマート農業」の推進が強調されていることです。

こうした技術は、短期的に見ると農業労働力不足には効果があるかもしれませんが、もともと農家がやってきた作業を機械に置き替えようとする技術ですから、これが広がれば農業には人が要らなくなり、農村の人口減少と過疎化を食い止めることにはつながりません。またスマート農業には大きな初期投資が必要なので、小規模な家族経営に適した技術とは言えません。

◎「有機農業」の本当の意味とは

二つ目の課題は、生物多様性の保全・創出という考え方がとても弱いことです。この弱点は有機農業という言葉の定義にも表れています。「有機農業とは何か」と聞かれれば、「農薬や化学肥料を使わない農業」と答える人が多いでしょう。でも、この定義は有機農業の本質を誤解させるおそれがあります。なぜ有機農業では農薬や化学肥料を使わなくても作物が立派に育つのでしょうか。

茨城大学名誉教授の中島紀一さんは、このメカニズム（仕組み）を「農地の生態系を豊かにする（生きものを増やす）と、農地の中の資源循環・生命循環が活発になって、作物が必要とする栄養を農地生態系が作り出すようになる。また、病害虫が出ても天敵や作物の自然治癒力によって被害が抑えられるようになる」と説明しました。つまり、生物多様性を豊かにすれば作物は立派に育つというのです。この議論を生かして、「有機農業とは農地の生態系を豊かにすることで農産物の生産と自然生態系の保全を両立させる農業」と定義し直すことが必要です。

ところが、みどり戦略では環境に負荷を与える化石燃料、化学農薬と化学肥料の投入量を減らすことに主眼が置かれ、肝心の生物多様性の保全・創出に関連した政策がほぼありません。これではまともな有機農業が広がるとは思えません。

◎有機農業の特質を活かす「みどり戦略」に

三つ目の課題は、みどり戦略の進め方です。みどり戦略によって日本農業を持続可能なものに転換するには、「有機農業を軸として、日本農業全体を持続可能な方向（脱炭素・脱化石燃料・脱農薬・脱化学肥料）に転換する」という方針を立てるべきです。有機農業は「持続可能な本来農業」とも呼ばれるように、持続可能な農業の条件を満たそうとする農業の体系です。近年、有機農業が生物多様性の保全や地球温暖化防止などに高い効果を示すことが明らかになっていて、SDGsの達成にも貢献すると言われています。また有機農業は「農の社会的機能」を効果的に発揮する農業だということも明らかになっています（※）。

「社会的機能を発揮する」というのは、「有機農業が地域の存続や活性化に役立っている」という意味です。その証拠に、特色ある地域づくりを進めるツール（道具）として、有機農業を上手に活用している自治体が全国で増えています（※）。

以上のように、有機農業の特質を活かす方向で、みどり戦略を進めることが必要です。農薬が減れば、農薬を散布する農業者の健康被害が防げるし、水田や畑にすむ無数の生きものも喜ぶでしょう。食の安全に気を遣う消費者も歓迎するに違いありません。みどり戦略は日本の農業に好循環を生み出す起爆剤となる可能性を秘めています。

（※）の出典：谷口吉光・尾島一史・大江正章・相川陽一 執筆（2019）「有機農業と地域づくり」、澤登早苗・小松﨑将一編著、『有機農業大全——持続可能な農の技術と思想』コモンズ、178-203ページ

おわりに
―― 農場と食卓をつなごう （関根佳恵）

農場と食卓をつなぐ７つの視点

私たちは毎日、農産物やその加工品を食べることで命をつないでいます。しかし、その食べものがどこから来ているのか、どのように作られたのか、どんな人たちが関わっているのか、それはほんとうにサステナブルなのかを深く考える機会は多くはありません。

本書は、みなさんの日々の食卓と農場をつなぐために、7つのパート「SDGs」「家族農業」「日本の食卓から」「貿易と流通」「土地と労働」「テクノロジー」「社会と政策」から構成されています。第1の「SDGs」では、その成り立ちと農林漁業との関係、ジェンダーと若者、具体的な取り組みとしての脱プラスチック、日本政府、地方自治体、企業、農業協同組合、および個人の実践例を取り上げました。

第２の「家族農業」では、SDGs達成のカギを握ると言われる家族農業、アグロエコロジー、国際家族農業年と国連の「家族農業の10年」、「農民の権利宣言」、ESD(持続可能な開発のための教育)、小規模農業を紹介し、「大規模化や企業化で農業の競争力が高まる」といった通説を問い直す必要性を示しました。

第３の「日本の食卓から」では、私たちの食卓にのぼる和食（寿司）、カップラーメン(パーム油)、ペットボトルのお茶、大豆、牛乳・乳製品を事例として、資源利用や環境問題、食文化、経済的な合理性追求の弊害などを示しました。このパートは、私たちのグローバルな食料調達がもたらす世界への影響を考え、行動を見直すための素材を提供しています。

第４の「貿易と流通」では、農場と食卓をつなぐ卸売市場の変化、世界の食料貿易体制、産消提携とPGS（参加型有機保証）について論じ、「貿易を自由化すればするほど豊かになる」「自由貿易が世界の飢餓をなくす」といったこれまでの通説を再考するための視点と、どのような実践が代替案となるのかについて示唆しています。

第5に、「土地と労働」では、農業生産に欠かせない農地をめぐる制度の変遷、農地だけではなく地域社会を守る農家の役割、外食・中食サービスを支える非正規労働者（パート・アルバイト）やワーキングプアなどの存在、農林漁業で働く外国人労働者の受け入れのあり方をめぐる問題を取り上げました。

第6に、「テクノロジー」では、食料の源であるタネの所有をめぐる問題や品種の多様性喪失、ロボットなどの先端技術を利用するスマート農業やフードテックで作られた代替タンパク質の内実と課題、農薬・化学肥料と食品添加物の安全性をめぐる問題、遺伝子組み換えとゲノム編集技術の実用化と反対運動を扱っています。

第7に、「社会と政策」では、サステナブルな食と農を実現するために必要な政策のあり方を考えるために、農村地域や風景にも関わる農業政策、学校給食などに有機食材を取り入れる公共調達、人間の排泄と農業の循環、エコロジーと公共政策、私たちの政治参加のあり方、世界農業遺産と地理的表示保護制度で守る伝統的な農法や農産物・食品、有機農業を推進する日本の「みどりの食料システム戦略」を取り上げました。

本書を通じて、私たちの文明社会がいま曲がり角に来ていること、そしてサステナブルな農と食を実現するためには、人間が自然と和解し、自然と調和した社会に移行する必要があることを感じていただけたのではないでしょうか。

「ほんとうのサステナビリティ」を問う

本書は、食と農のサステナビリティ（持続可能性）に関する実践や研究・教育に携わっている32名の著者によって執筆されました。いずれも第一線でそれぞれのテーマに向き合い、「ほんとうのサステナビリティ」を日々、探究している方々です。こうした活動の中で、私たちは、ときに「これってほんとうにサステナブルなの?」という疑問に直面することがあります。読者のみなさんも日常生活の中にある小さな疑問をわきに置かず、「ほんとうのサステナビリティ」を考え、探究し、そして実践していただけたら、著者一同、望外の幸せです。

本書の執筆に際しては、できる限り新しい情報にもとづき、客観的で正確な記述をするように努めましたが、もしかしたら誤りや誤解を招く表現などがあるかもしれません。それは、一重に編者の責任です。お気づきの点などがありましたら、ご意見をお寄せいただければ幸いです。

社会を変えるチカラ

本書を読み終えたいま、みなさんはサステナブルな農と食、サステナブルな社会を創るためのカギを手にしています。さまざまなメディアから日々伝えられるものとは異なる情報や考え方、視点に触れて、食と農に関する既成概念を覆すための「クリティカル・シンキング」（論理的思考）のための基礎を得たからです。それは、社会をよりよい方向に変えるチカラの源であり、みなさんにはこのチカラがあります。そのチカラを眠らせずに、自由に大きく育て、羽ばたかせてください。みなさんが手にしたカギで、未来社会への扉を開きましょう。

執筆者・編者紹介（五十音順）

芦田裕介（神奈川大学人間科学部 准教授）／*Theme 19*
池上甲一（近畿大学 名誉教授）／*Theme 11*
岩佐和幸（高知大学人文社会科学部 教授）／*Theme 9*／*Theme 16*／*Theme 17*
植木美希（日本獣医生命科学大学応用生命科学部 教授）／*Column 12*
上野千鶴子（東京大学 名誉教授）／*Theme3*
宇田篤弘（紀ノ川農業協同組合 代表理事組合長）／*Column 4*
岡崎衆史（農民運動全国連合会 事務局次長／国際部長）／*Theme 7*／*Column 7*
小川美農里（Dana Village 代表）／*Column 5*
金子信博（福島大学農学群食農学類 教授）／*Theme 2*
木村－黒田純子（環境脳神経科学情報センター 副代表）／*Theme 21*
久保田裕子（元國學院大學経済学部 教授）／*Column 14*
楜澤能生（早稲田大学法学部 教授）／*Theme 15*
小池絢子（認定特定非営利活動法人ＷＥ21ジャパン民際協力室 事務局次長）／*Theme 10*
香坂 玲（東京大学大学院農学生命科学研究科 教授）／*Column 16*
小林国之（北海道大学大学院農学研究院 准教授）／*Theme 13*
佐野聖香（立命館大学経済学部 教授）／*Theme 12*
重藤さわ子（事業構想大学院大学 准教授）／*Column 2*
図司直也（法政大学現代福祉学部 教授）／*Theme 22*
鈴木宣弘（東京大学大学院農学生命科学研究科 教授）／*Column 13*
関根佳恵（愛知学院大学経済学部 教授、第2巻編者）
はじめに／*Theme 1*／*Theme 4*／*Theme 6*／*Theme 20*／*Theme 23*／*Column 6*／*Column 9*／おわりに
谷口吉光（秋田県立大学地域連携・研究推進センター 教授）／*Column 17*
玉 真之介（帝京大学経済学部 教授）／*Column 8*
田村典江（事業構想大学院大学 専任講師）／*Theme 18*
廣岡竜也（サラヤ株式会社 広報宣伝統括部長）／*Column 3*
藤原辰史（京都大学人文科学研究所 准教授）／*Theme 25*
星野智子（一般社団法人環境パートナーシップ会議 副代表理事）／*Theme 5*
三輪敦子（一般社団法人SDGs市民社会ネットワーク 共同代表理事）／*Column 1*
八木亜紀子（特定非営利活動法人開発教育協会 事業主任）／*Column 10*／*Column 11*
安田節子（食政策センター「ビジョン21」 代表）／*Column 15*
矢野 泉（広島修道大学商学部 教授）／*Theme 14*
湯澤規子（法政大学人間環境学部 教授）／*Theme 24*
吉田太郎（フリージャーナリスト）／*Theme 8*

編著者略歴

関根 佳恵（せきね かえ）

1980年神奈川県生まれ。高知県育ち。京都大学大学院経済学研究科博士後期課程修了。博士（経済学）。立教大学講師、国連世界食料安全保障委員会（CFS）専門家、国連食糧農業機関（FAO）客員研究員、愛知学院大学経済学部准教授をへて、2022年より愛知学院大学経済学部教授。専門は農業経済学、農村社会学、農と食の政治経済学。家族農林漁業プラットフォーム・ジャパン常務理事。単著に『13歳からの食と農―家族農業が世界を変える―』（かもがわ出版、2020年）、『家族農業が世界を変える（全3巻）』（かもがわ出版、2021~22年、学校図書館出版賞受賞）、編著に『アグリビジネスと現代社会』（筑波書房、2021年）などがある。

テーマで探究　世界の食・農林漁業・環境 

ほんとうのサステナビリティってなに？
――食と農のSDGs

2023年2月20日　第1刷発行
2024年4月25日　第2刷発行

編著者　関根佳恵

発行所　一般社団法人　農山漁村文化協会
〒335-0022　埼玉県戸田市上戸田 2丁目2-2
電　話　048(233)9351(営業)　048(233)9376(編集)
F A X　048(299)2812　振替00120-3-144478
U R L　https://www.ruralnet.or.jp/

ISBN978-4-540-22114-9
〈検印廃止〉

デザイン／しょうじまこと(ebitai design)、大谷明子
カバーイラスト／平田利之
本文イラスト・図表／岩間みどり(p16、p42、p66、p81)、スリーエム
編集・DTP制作／(株)農文協プロダクション
印刷・製本／TOPPAN(株)
定価はカバーに表示
乱丁・落丁本はお取り替えいたします。